“十二五”普通高等教育本科国家级规划教材配套参考书

数学模型（第六版）习题参考解答

姜启源　谢金星　叶　俊　编

中国教育出版传媒集团
高等教育出版社·北京

内容提要

本书对《数学模型(第六版)》中的大部分习题给出了解答或提示,其中部分解答包含了编者在多年教学中发现的学生可能遇到的问题和常犯的错误。一些习题,特别是每章开放性的训练题,不存在标准答案,本书给出的解答仅供参考。

本书可作为讲授数学建模课程和辅导数学建模竞赛的教师的参考资料及《数学模型(第六版)》自学者的参考书。

图书在版编目（CIP）数据

数学模型(第六版)习题参考解答 / 姜启源，谢金星，叶俊编. -- 北京 ：高等教育出版社，2024. 9.

ISBN 978-7-04-063005-3

Ⅰ.O22-44

中国国家版本馆 CIP 数据核字第 20243RG397 号

SHUXUE MOXING（DI-LIU BAN）XITI CANKAO JIEDA

策划编辑 李　茜	责任编辑 李　茜	封面设计 杨伟露	版式设计 童　丹
责任绘图 李沛蓉	责任校对 刘丽娴	责任印制 赵义民	

出版发行	高等教育出版社	网　　址	http://www.hep.edu.cn
社　　址	北京市西城区德外大街 4 号		http://www.hep.com.cn
邮政编码	100120	网上订购	http://www.hepmall.com.cn
印　　刷	北京市白帆印务有限公司		http://www.hepmall.com
开　　本	787 mm×1092 mm　1/16		http://www.hepmall.cn
印　　张	8.5		
字　　数	180 千字	版　　次	2024 年 9 月第 1 版
购书热线	010－58581118	印　　次	2024 年 9 月第 1 次印刷
咨询电话	400－810－0598	定　　价	22.80 元

物 料 号　63005－00

前　言

实例研究是学习数学建模(主要指用机理分析方法建模)的有效方法,大体上包含两方面的工作,一方面是阅读、分析、评价、改进别人做的模型,另一方面是亲自动手,认真做几个实际题目(哪怕是已经相当简化的)。《数学模型(第六版)》中的习题分为复习题与训练题两部分,前者放在每一个案例(节)的后面,供复习、消化这个案例所用,主要配合上述第一方面的学习;后者放在每一类型案例(章)的后面,供这一类案例的训练所用,通常需要读者自己作出假设、构造模型并求解,因而没有确定的答案,它们配合上述第二方面的研究。

这本参考解答是为《数学模型(第六版)》的习题编写的,其中复习题的解答基本上是正确的,甚至是唯一的,虽然不可避免地存在一些纰漏和缺陷;而训练题的解答则只能作为参考,相信会有不少与这里提供的解答完全不同的结果。对于训练题,作为教师,应该允许和鼓励学生做出与本书不同的答案;作为学生,应该努力发挥自己的想象力和创造力,争取得到有特色的结果。编者特别希望学习数学建模的同学们,对于这部分题目不要先看本书给出的解答,可以等自己做出(哪怕是非常粗糙的)结果之后,再与参考解答比较。

为使用方便起见,将《数学模型(第六版)》的复习题与训练题重排在每一章参考解答的前面,习题所涉及的参考文献见原书。

编　者

2024 年 2 月

目　录

第 1 章　建立数学模型 …… 1
复习题 …… 1
训练题 …… 2
习题参考解答 …… 3
第 2 章　初等模型 …… 6
复习题 …… 6
训练题 …… 8
习题参考解答 …… 9
第 3 章　简单的优化模型 …… 14
复习题 …… 14
训练题 …… 15
习题参考解答 …… 18
第 4 章　数学规划模型 …… 25
复习题 …… 25
训练题 …… 28
习题参考解答 …… 33
第 5 章　微分方程模型 …… 47
复习题 …… 47
训练题 …… 49
习题参考解答 …… 53
第 6 章　差分方程与代数方程模型 …… 66
复习题 …… 66
训练题 …… 68
习题参考解答 …… 70
第 7 章　离散模型 …… 77
复习题 …… 77
训练题 …… 79
习题参考解答 …… 82
第 8 章　概率模型 …… 88
复习题 …… 88
训练题 …… 90
习题参考解答 …… 92
第 9 章　统计模型 …… 100
复习题 …… 100

训练题 …… 102
习题参考解答 …… 108
第 10 章　博弈模型 …… 116
复习题 …… 116
训练题 …… 118
习题参考解答 …… 120

第 1 章　建立数学模型

复习题

1.1　从现实对象到数学模型

怎样解决下面的实际问题,包括需要哪些数据资料,要做些什么观察、试验以及建立什么样的数学模型等[23,32].

(1) 估计一个人体内血液的总量.

(2) 为保险公司制定人寿保险金计划(不同年龄的人应缴纳的金额和公司赔偿的金额).

(3) 估计一批日光灯管的寿命.

(4) 确定火箭发射至最高点所需的时间.

(5) 决定十字路口黄灯亮的时间长度.

(6) 为汽车租赁公司制订车辆维修、更新和出租计划.

(7) 一高层办公楼有 4 部电梯,早晨上班时间非常拥挤,试制订合理的运行计划.

1.2　数学建模的重要意义

举出两三个实例说明建立数学模型的必要性,包括实际问题的背景,建模目的,需要大体上什么样的模型以及怎样应用这种模型等.

1.3　建模示例之一　包饺子中的数学

1. 利用模型(5)式①说明:如果 n_1 个饺子包 m kg 馅,那么 n_2 个饺子能包多少馅?由此给出本节中$\sqrt{2}$的结果.

2. 将所有饺子面皮一样厚的假设改为饺子越大面皮越厚,并对比给出简化、合理的数学描述,重新建模,给出 V 与 mv 之间的关系,讨论"饺子数量减少一倍能多包多少馅"与什么因素有关.

1.4　建模示例之二　路障间距的设计

1. 通过资料调查或实地测试,自己获取汽车加速度和减速度的数据,用来求解模型.

2. 关于路障,你还能想到有哪些问题可以用数学建模分析和解决吗?

1.5　建模示例之三　椅子能在不平的地面上放稳吗

将假设条件 1 中的"四脚的连线呈正方形"改为"四脚的连线呈长方形",试建立模

---

① 因本书是《数学模型(第六版)》的配套辅导书,故题干中所提到的图、表、公式等序号均与《数学模型(第六版)》对应.

型并求解.

1.6 数学建模的基本方法和步骤

对于 1.1 节的复习题,考虑建立模型的基本方法,并对建模的具体步骤做出计划.

1.8 怎样学习数学建模——学习课程和参加竞赛

为了培养想象力、洞察力和判断力,考察对象时除了从正面分析外,还常常需要从侧面或反面思考.试尽可能迅速地回答下面的问题:

(1) 某甲早 8:00 从山下旅店出发,沿一条路径上山,下午 5:00 到达山顶并留宿.次日早 8:00 沿同一路径下山,下午 5:00 回到旅店.某乙说,甲必在两天中的同一时刻经过路径中的同一地点.为什么?

(2) 37 支球队进行冠军争夺赛,每轮比赛中出场的每两支球队中的胜者及轮空者进入下一轮,直至比赛结束.问共需进行多少场比赛,共需进行多少轮比赛.如果是 n 支球队比赛呢?

(3) 甲乙两站之间有电车相通,每隔 10 min 甲乙两站相互发一趟车,但发车时刻不一定相同.甲乙之间有一中间站丙,某人每天在随机的时刻到达丙站,并搭乘最先经过丙站的那趟车,结果发现 100 天中约有 90 天到达甲站,约有 10 天到达乙站.问开往甲乙两站的电车经过丙站的时刻表是如何安排的.

(4) 某人家住 T 市在他乡工作,每天下班后乘火车于下午 6:00 抵达 T 市车站,他的妻子驾车准时到车站接他回家.一日他提前下班搭早一班火车于下午 5:30 抵达 T 市车站,随即步行回家,他的妻子像往常一样驾车前来,在半路上遇到他,随即接他回家,此时发现比往常提前了 10 min 到家.问他步行了多长时间.

(5) 一男孩和一女孩分别在离家 2 km 和 1 km 且方向相反的两所学校上学,每天同时放学后分别以 4 km/h 和 2 km/h 的速度步行回家.一小狗以 6 km/h 的速度由男孩处奔向女孩,又从女孩处奔向男孩,如此往返直至回到家中.问小狗奔波了多少路程.

如果男孩和女孩上学时小狗也往返奔波在他们之间,问当他们到达学校时小狗在何处[42].

训练题

1. 用宽 w 的布条缠绕直径 d 的圆形管道,要求布条不重叠,问布条与管道轴线的夹角 α 应多大(如右图).若知道管道长度,需用多长布条(不考虑或考虑两端的影响)?如果管道是其他形状呢?[16]

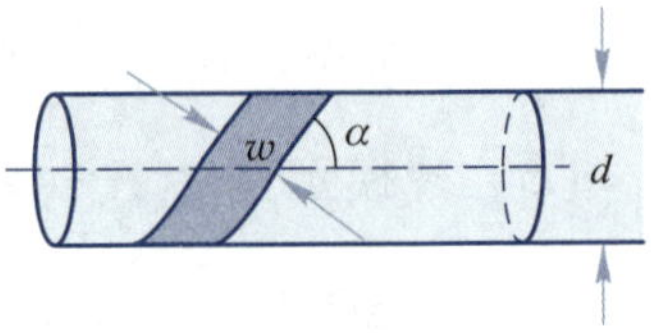

2. 雨滴匀速下降,假定空气阻力与雨滴表面积和速度平方的乘积成正比,试确定雨速与雨滴质量的关系.

3. 参考"更多案例 1-1 商人们如何安全过河"中的状态转移模型,做下面这个众所周知的智力游戏:人带着猫、鸡、米过河,需要人来划船,船至多能载猫、鸡、米三者之一,而当人不在场时猫要吃鸡、鸡要吃米.试设计一个安全过河方案,并使渡河次数尽量地少.

4. 大包装商品比小包装商品便宜是人所共知的事实(当然指单位质量或体积),你能仅从包装成本的对比对此作出解释吗?

习题参考解答

复习题

1.1　从现实对象到数学模型

参看 1.6 节复习题解答.

1.2　数学建模的重要意义

略.

1.3　建模示例之一　包饺子中的数学

1. n_2个饺子能包 $m\sqrt{n_1/n_2}$ kg 馅,令 $n_1=100, n_2=50, m=1$,得到$\sqrt{2}$.

2. 假设大、小饺子面皮厚度 D,d 与半径 R,r 的关系可以表为 $D=cR^{\alpha}, d=cr^{\alpha}, \alpha\geqslant 0$, c 是比例系数.于是本节(1)式应改为 $SD=nsd$,而(2)(3)式不变,由此可得 $V=n^{\frac{1-\alpha}{2+\alpha}}(nv)$.当 $\alpha=0$ 时面皮厚度与半径无关,结果与(5)式相同;$\alpha=1$ 时 $V=nv$,大小饺子包的馅一样多;$\alpha=1/4$时 $V=\sqrt[3]{n}(nv)$;$\alpha=1/2$ 时 $V=\sqrt[5]{n}(nv)$.若饺子数量减少一倍(取 $n=2$),对于 $\alpha=1/4$和 $\alpha=1/2$,饺子能多包的馅分别为 26%和 15%,比较合理.

1.4　建模示例之二　路障间距的设计

1. 略.

2. 路障断面的高度、形状.

1.5　建模示例之三　椅子能在不平的地面上放稳吗

相邻两椅脚与地面距离之和分别定义为 $f(\theta)$ 和 $g(\theta)$,将椅子旋转 180°,其余作法与 1.5 节相同.

1.6　数学建模的基本方法和步骤

(1) 注射一定量的葡萄糖,采集一定容积的血样,测量注射前后葡萄糖含量的变化,即可估计人体的血液总量.注意采集和测量的时间要选择恰当,使血液中的葡萄糖含量充分均匀,又基本上未被人体吸收.

(2) 调查不同年龄的人的死亡率,并估计其在未来一定时期的变化,还应考虑银行存款利率和物价指数,保险金与赔偿金之比大体上应略高于死亡率.

(3) 从一批灯管中取一定容量的样本,测得其平均寿命,可作为该批灯管寿命的估计值.为衡量估计的精度,需要从样本寿命确定该批灯管寿命的概率分布,即可得到估计值的置信区间.还可试验用提高电压的办法加速寿命测试,以缩短测量时间.

(4) 根据牛顿第二定律建立火箭向上发射后的运动方程,初速已知,若不考虑空气阻力,很容易算出到达最高点(即速度为零)时间;若考虑空气阻力,不妨设其与火箭速度(或速度的平方)成正比,并由试验及拟合方法确定阻力系数,再解方程得到结果.

(5) 司机看到黄灯后停车要有一定的刹车距离 S_1,设通过十字路口的距离为 S_2,汽车行驶速度为 v,则黄灯的时间长度 t 应使距停车线 S_1 之内的汽车能通过路口,即$t\approx(S_1+S_2)/v$.而 S_1 可由试验得到,或按照牛顿第二定律解运动方程,进一步可考察不同车重、不同路面及司机反应灵敏程度等因素的影响.

(6) 根据资料和经验确定维修费用随着车龄和行驶里程的增加而增加的关系,再考虑维修和更新费用,可以以一年为一个时段,结合租金决定应该维修还是更新.

(7) 统计在各层上班的人数,通过数据或计算确定电梯运行时间,以等待的人数与时间乘积为目标,建立优化模型,确定每部电梯运行的楼层(有些电梯可以从大厅直接运行到高层,低层不停).

1.8 怎样学习数学建模——学习课程和参加竞赛

(1) 设想有两个人一人上山,一人下山,同一天同时出发,沿同一路径,必定相遇.

(2) 36 场比赛,因为除冠军队外,每队都负一场;6 轮比赛,因为 2 队赛 1 轮,32 队需赛 5 轮.n 队需赛 $n-1$ 场,若 $2^{k-1}<n\leqslant 2^k$,则需赛 k 轮.

(3) 不妨设从甲到乙经过丙站的时刻表是:8:00,8:10,8:20,…,那么从乙到甲经过丙站的时刻表应该是:8:09,8:19,8:29,….

(4) 步行了 25 min.设想他的妻子驾车遇到他后,先带他去车站,再回家,汽车多行驶了 10 min,于是带他去车站这段路程汽车跑了 5 min,而到车站的时间是 6:00,所以妻子驾车遇到他的时刻是 5:55.

(5) 放学时小狗跑了 3 km.孩子上学到达学校时小狗的位置不定,因为设想放学时小狗从任何位置起跑,都会与孩子同时到家.之所以出现位置不定的结果,是由于上学时小狗初始跑动的方向无法确定.

训练题

1. 将管道展开如图 1,可得 $w=\pi d\cos\alpha$,若 d 一定,$w\to 0$ 时 $\alpha\to\pi/2$;$w\to\pi d$ 时 $\alpha\to 0$.若管道长度为 l,不考虑两端的影响时布条长度显然为 $\pi dl/w$,若考虑两端影响,则应加上 $\pi dw/\sin\alpha$.对于其他形状管道,只需将 πd 改为相应的周长即可.

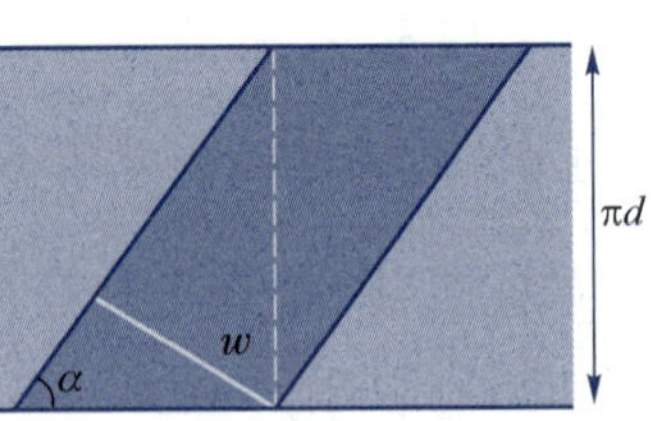

图 1

2. 雨滴质量 m,体积 V,表面积 S 与某特征尺寸 l 之间的关系为 $m\propto V\propto l^3$,$S\propto l^2$,可得 $S\propto m^{2/3}$.雨滴在重力 f_1 和空气阻力 f_2 的作用下以匀速 v 降落,所以 $f_1=f_2$,而 $f_1\propto m$,$f_2\propto Sv^2$.由以上关系得 $v\propto m^{1/6}$.

3. 人、猫、鸡、米分别记为 $i=1,2,3,4$,当 i 在此岸时记 $x_i=1$,否则记 $x_i=0$,则此岸的状态可用 $s=(x_1,x_2,x_3,x_4)$ 表示.记 s 的反状态为 $s'=(1-x_1,1-x_2,1-x_3,1-x_4)$,允许

状态集合为 $S=\{(1,1,1,1),(1,1,1,0),(1,1,0,1),(1,0,1,1),(1,0,1,0)$ 及它们的 5 个反状态$\}$.

决策为乘船方案，记作 $d=(u_1,u_2,u_3,u_4)$，当 i 在船上时记 $u_i=1$，否则记$u_i=0$，允许决策集合为$D=\{(1,1,0,0),(1,0,1,0),(1,0,0,1),(1,0,0,0)\}$.

记第 k 次渡河前此岸的状态为 s_k，第 k 次渡河的决策为 d_k，则状态转移律为 $s_{k+1}=s_k+(-1)^k d_k$，设计安全过河方案归结为求决策序列 $d_1,d_2,\cdots,d_n\in D$，使状态 $s_k\in S$ 按状态转移律由初始状态 $s_1=(1,1,1,1)$ 经 n 步到达 $s_{n+1}=(0,0,0,0)$.一个可行方案如下：

k	1	2	3	4	5	6	7	8
s_k	(1,1,1,1)	(0,1,0,1)	(1,1,0,1)	(0,1,0,0)	(1,1,1,0)	(0,0,1,0)	(1,0,1,0)	(0,0,0,0)
d_k	(1,0,1,0)	(1,0,0,0)	(1,0,0,1)	(1,0,1,0)	(1,1,0,0)	(1,0,0,0)	(1,0,1,0)	

4. 记商品的特征尺寸为 l，商品包装成本与 l^2 成正比，商品质量或体积与 l^3 成正比，则单位质量或体积的包装成本为 $C=kl^2/l^3=k/l$（k 只与商品种类和包装材料等有关），l 越大 C 越小.

第 2 章　初等模型

复习题

2.1　双层玻璃窗的功效

北方旧宅改造时，为了增强保暖效果常用保温材料在外墙外面再加一层墙.假定仍然只考虑热传导，试通过建模对改造后减少的热量损失给出定量分析，并获取相关数据作简单计算.

2.2　划艇比赛的成绩

考虑八人艇分重量级组（桨手质量不超过 86 kg）和轻量级组（桨手质量不超过 73 kg），建立模型说明重量级组的成绩比轻量级组的大约好 5%.

2.3　实物交换

用实物交换模型中介绍的无差别曲线的概念，讨论以下雇员和雇主之间的协议关系：

（1）以雇员一天的工作时间 t 和工资 w 分别为横坐标和纵坐标，画出雇员无差别曲线族的示意图.解释曲线为什么是你画的那种形状.

（2）如果雇主付计时工资，对不同的工资率（单位时间的工资）画出计时工资线族.根据雇员的无差别曲线族和雇主的计时工资线族，讨论双方将在怎样的一条曲线上达成协议.

（3）雇员和雇主已经达成了一个协议（工作时间 t_1 和工资 w_1）.如果雇主想使雇员的工作时间增加到 t_2，他有两种办法：一是提高计时工资率，在协议线的另一点（t_2，w_2）达成新的协议；二是实行超时工资制，即对工时 t_1 仍付原计时工资，对工时 t_2-t_1 付给更高的超时工资.试用作图方法分析哪种办法对雇主更有利，指出这个结果的条件[7].

2.4　汽车刹车距离与道路通行能力

1. 由表 1 的数据用最小二乘法拟合模型（7），计算参数 c_1，c_2，对数据和拟合曲线作图，并估计刹车时的减速度.

2. 采用第 1 题得到的 c_1，c_2，或者按照交通工程学提供的数据，适当地设定 d_0（可取车身标准长度的 1.5~2 倍），对于不同的车速（20~100 km/h），利用（9）式计算道路通行能力，并由（10）式分析各参数对最大通行能力的影响.

2.5　估计出租车的总数

1. 对总体$\{1, 2, \cdots, x\}$仍然设定 $x=1\ 000$，增加样本大小 n 和样本数量 m，用 5

个模型作模拟计算,估计总体,对估计结果进行分析研究. n 和 m 的增加对结果有什么影响.

2. 如果汽车的起始号码未知,5 种建模方法中有哪种方法可加以改进来解决这样的问题? 给出具体的估计模型并作模拟.

2.6　评选举重冠军

1. 将(4)式的幂次 2/3 降为 0.6,(9)式的幂次 1/3 降为 0.3,用同样的数据建模,并计算总平均误差,与(5)(10)式的结果比较.

2. 搜集下列举重比赛的实际数据,利用(12)—(14)式计算折合成绩及排名:

(1) 截至目前的男子举重比赛世界纪录.

(2) 最近一届奥运会男子举重比赛成绩.

(3) 截至目前的女子举重比赛世界纪录.

3. 研究一般形式的幂函数模型 $y=aw^b$,利用表 1 的男子举重比赛世界纪录或第 1 题搜集的数据,确定系数 a, b(提示:通过取对数将幂函数化为线性函数),与幂函数模型(5)式比较与实际记录的拟合程度,再构造计算折合成绩的公式,对搜集的某次举重比赛各级别总成绩冠军进行排名.

2.7　核军备竞赛

1. 在核军备竞赛模型中,证明由(6)式表示的乙方安全线 $y=f(x)$ 的性质.

2. 在核军备竞赛模型中,讨论以下因素引起的平衡点的变化[23]:

(1) 甲方提高导弹导航系统的性能.

(2) 甲方增加导弹爆破的威力.

(3) 甲方发展电子干扰系统.

(4) 双方建立反导弹系统.

2.8　扬帆远航

若风向不变,行驶中 B 点将不在船的正东方,应该如何确定航向及帆的朝向.

2.9　抢渡长江

1. 经查我国男子 1 500 m 自由泳 1 级、2 级、3 级运动员标准分别为 17 分 20 秒、20 分 15 秒、24 分 45 秒(50 m 池),据此可设他们在江水中的泳速分别为 $u_1=1.4$ m/s、$u_2=1.2$ m/s、$u_3=1.0$ m/s,假定每年抢渡时的流速 v 在 1.0~1.9 m/s 变化,距离 H,L 仍为题目所给,计算这些运动员在不同流速下的成绩,说明当流速达到多大他们就无法到达终点.

2. 据报道,一年一度的"7.16"武汉渡江节都吸引了众多好手参加抢渡,但是每年的完赛率相差较大,如 2023 年为 66/75,而 2002 年为 34/156(完赛者与参赛者之比),一个重要原因是江水流速 v 变化很大,而起、终点一直是武昌汉阳门、汉阳南岸嘴,距离 H,L 如题目所给. 从模型一可知,当流速 v 较大时,为了使多数参赛者能够完赛,应该将终点推远一些,即加大 L. 试设计一两个备用终点.

3. 利用(17)(18)式求解问题(3),与几篇优秀论文求解优化模型(11)(12)得到的

数值解 $\alpha_1=36.1°,\alpha_2=28.1°,T=904$ s 作比较.

4. 利用(23)(24)式求解问题(4).

训练题

1. 在超市购物时你注意到大包装商品比小包装商品便宜这种现象了吗？比如佳洁士牙膏 120 g 装的每支 10.80 元,200 g 装的每支 15.80 元,二者单位质量的价格比是 1.14 : 1.试用比例方法构造模型解释这个现象.

(1) 分析商品价格 C 与商品质量 w 的关系.价格由生产成本、包装成本和其他成本等决定,这些成本中有的与质量 w 成正比,有的与表面积成正比,还有与 w 无关的因素.

(2) 给出单位质量价格 c 与 w 的关系,画出它的简图,说明 w 越大 c 越小,但是随着 w 的增加 c 减小的程度变小.解释实际意义是什么.

2. 一垂钓俱乐部鼓励垂钓者将钓上的鱼放生,打算按照放生的鱼的质量给予奖励,俱乐部只准备了一把软尺用于测量,请你设计按照测量的长度估计鱼的质量的方法.假定鱼池中只有一种鲈鱼,并且得到 8 条鱼的如下数据(胸围指鱼身的最大周长):

身长/cm	36.8	31.8	43.8	36.8	32.1	45.1	35.9	32.1
质量/g	765	482	1 162	737	482	1 389	652	454
胸围/cm	24.8	21.3	27.9	24.8	21.6	31.8	22.9	21.6

先用机理分析建立模型,再用数据确定参数[23].

3. 用已知尺寸的矩形板材加工半径一定的圆盘,给出几种简便、有效的排列方法,使加工出尽可能多的圆盘[16].

4. 动物园里的成年热血动物靠饲养的食物维持体温基本不变,在一些合理、简化的假设下建立动物的饲养食物量与动物的某个尺寸之间的关系[23].

5. 生物学家认为,对于休息状态的热血动物,消耗的能量主要用于维持体温,能量与从心脏到全身的血流量成正比,而体温主要通过身体表面散失,建立一个动物质量(单位:g)与心率(单位:次/min)之间关系的模型,并用下面的数据加以检验[23].

动物	质量/g	心率/(次·min^{-1})
田鼠	25	670
家鼠	200	420
兔	2 000	205
小狗	5 000	120
大狗	30 000	85
羊	50 000	70
人	70 000	72
马	450 000	38

6. 你能针对估计出租车数量问题提出自己的模型吗？如果有，通过模拟与 2.5 节 5 个模型作比较.

习题参考解答

复习题

2.1　双层玻璃窗的功效

设原来墙和增加的保温墙的厚度与热传导系数分别为 d_1,d_2 与 k_1,k_2，单位时间通过单位面积改造后的墙与原来墙的热量为 Q_1,Q_2，则 $Q_1/Q_2=1/(1+s)$，其中 $s=d_2k_1/(d_1k_2)$.

2.2　划艇比赛的成绩

由模型假设 3，划桨功率 p 与体重 w 成正比，而桨手数 $n=8$ 不变，所以(2)式改为 $v\propto(w/s)^{1/3}$.记重量级组和轻量级组的体重、艇速、比赛成绩和艇的浸没面积分别为 $w_1,w_2,v_1,v_2,t_1,t_2,s_1,s_2$，则 $\dfrac{t_1}{t_2}=\dfrac{v_2}{v_1}=\left(\dfrac{w_2}{w_1}\right)^{1/3}\left(\dfrac{s_1}{s_2}\right)^{1/3}$.估计 s_1/s_2 的大小：重量级组体重大，会使浸没面积增加，但艇身略大，又会使浸没面积减小，因而 s_1/s_2 不会超过 1.05.代入 $w_1=86,w_2=73$，可得 $t_1/t_2\approx0.96$.

2.3　实物交换

(1) 雇员的无差别曲线族 $f(w,t)=c$ 是下凸的，如图 1，因为工资低时，他愿以较多的工作时间换取较少的工资；而当工资高时，就要求以较多的工资来增加一点工作时间.

(2) 雇主的计时工资族是 $w=at$，a 是工资率.这族直线与 $f(w,t)=c$ 的切点 $P_1,P_2,P_3,\cdots$ 的连线 PQ 为雇员与雇主的协议线.通常 PQ 是上升的(至少有一段应该是上升的)，见图 1.

(3) 设双方在 $P_1(t_1,w_1)$ 点达成协议，当雇主想使雇员的工作时间增至 t_2 时，用提高计时工资率 a 的办法，应在协议线 PQ 上找出横坐标为 t_2 的 P_2 点，工资额为 w_2，见图 2.用超时工资的办法，应从 P_1 点作某一条无差别曲线的切线(粗虚线)，使切点 P_2' 的横坐标刚好是 t_2，若点 P_2' 在 P_2 下方(图 2 表示了这种情况)，则工资额 $w_2'<w_2$，即第

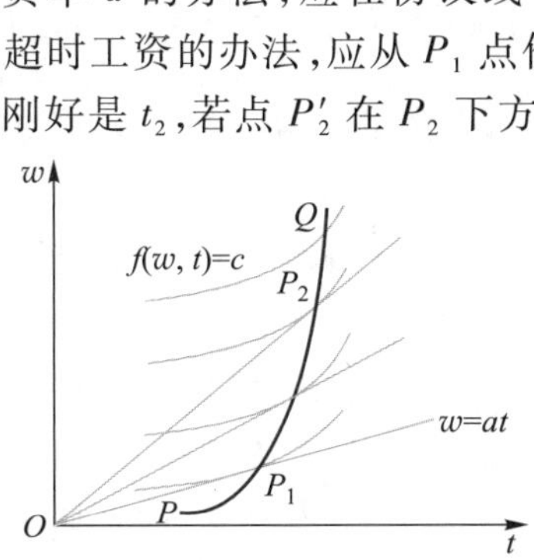

图 1

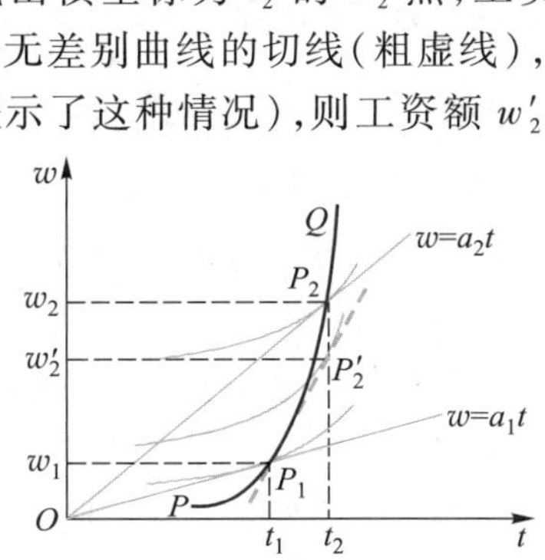

图 2

二种办法对雇主有利.得到这个结果的条件是,在雇员没有工作时和已经工作了 t_1 时(得到工资 w_1),其无差别曲线族$f(w,t)=c$没有变化.

2.4 汽车刹车距离与道路通行能力

1. 把教材表 1 中车速单位化成 m/s,得到 $c_1=0.652\,2$ s,$c_2=0.085\,3$ s^2/m,减速度约为 6 m/ s^2.

2. 设定 $d_0=8$ m, 道路通行能力 N 如下表.c_1,c_2,d_0增加,最大通行能力减少.

$v/(\mathrm{km\cdot h^{-1}})$	20	40	60	80	100
N/(辆·$\mathrm{h^{-1}}$)	390	431	392	344	302

2.5 估计出租车的总数

1. 增加样本大小 n 和样本数量 m 都会使平均值的误差及标准差减少,且增加 n 远比增加 m 的影响大.

2. 平均间隔和区间均分方法可以推广.设起始号码为 x_0,平均间隔模型的结果是 $x-x_0=\left(1+\dfrac{1}{n-1}\right)(x_n-x_1)-1$.

2.6 评选举重冠军

1. (4)式幂次降为 0.6,模型为 $y=26.858\,8w^{0.6}$,(9)式幂次降为 0.3,模型为 $y=120.236\,9(w-35)^{0.3}$,总平均误差分别为 1.29%和 0.63%,比(5)(10)式有很大改进.

2. 略

3. 略.

2.7 核军备竞赛

1. 乙方安全线 $y=f(x)$ 表为 $y=\dfrac{y_0}{s^a}=\dfrac{y_0}{s^{x/y}}$, $0<s<1$, 可计算出 $y'=\dfrac{-\ln s}{1+\ln(y/y_0)}$,而 $y=f(x)$的极坐标表达式为 $r=\dfrac{y_0}{\sin\theta\, s^{\cot\theta}}$.由这些结果容易证明 $y=f(x)$的性质.

2. (1) 若甲方提高导弹导航系统的性能,则乙方的残存率 s 变小,y 增加,乙方安全线上移且变陡,平衡点向右上方移动.

(2) 若甲方增加导弹爆破的威力,则甲方的威慑值 x_0 减小,甲方安全线左移且变陡,平衡点向左下方移动.

(3) 若甲方发展电子干扰系统,则乙方的威慑值 y_0 和甲方的残存率 s 变大,乙方安全线 $y=f(x)$上移且变陡,甲方安全线变陡,平衡点向左上方移动.

(4) 若双方发展反导弹系统,则双方的威慑值和残存率均变大,前者使平衡点向右上方移动,后者使平衡点向左下方移动,综合影响无法确定.

2.8　扬帆远航

略.

2.9　抢渡长江

1. 1 级、2 级、3 级运动员泳速分别为 $u_1=1.4$ m/s、$u_2=1.2$ m/s、$u_3=1.0$ m/s,偏角和到达终点时间随流速的变化曲线如图 3,图 3(b)曲线尖点对应的横坐标为运动员无法到达终点的流速,分别约为 1.85 m/s、1.6 m/s、1.32 m/s,这些数值也可由(8)式解出.

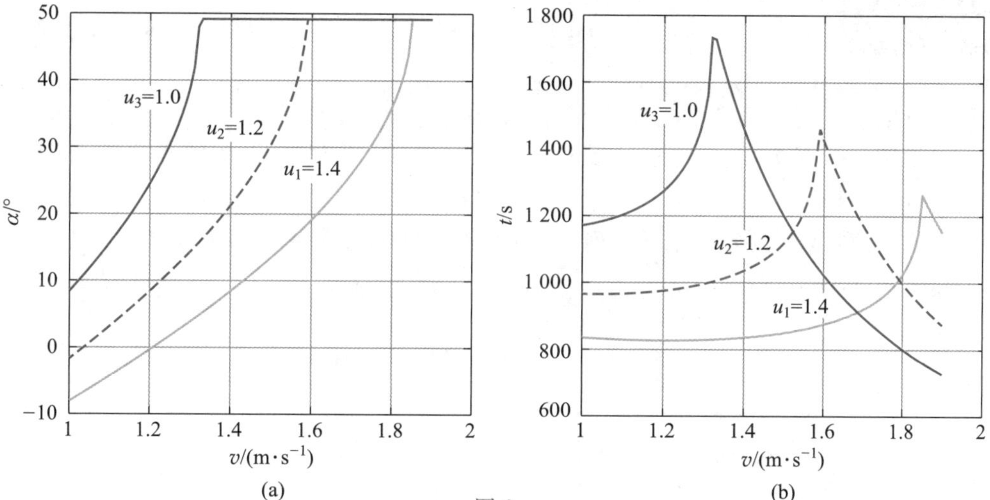

图 3

2. 设 H 不变,不妨按照 3 级运动员泳速 $u_3=1.0$ m/s 能够完赛,设计备用终点距离 L,由(8)式可得,当流速 $v=1.5$ m/s 时约有 $L=1\ 300$ m,当 $v=1.8$ m/s 时约有 $L=1\ 740$ m.

3. 根据问题(1)的结果估计这里 α_1 会略大于 $\alpha=31.9°$,α_2 略小于 α,如令 α_2 在 20°~30°取值,将(17)式 α_1 代入(18)式计算、比较,直到得出满意的结果. 再将 α_1,α_2 代入(12)式计算到达终点时间 T.

4. 略.

训练题

1. (1) 生产成本主要与质量 w 成正比,包装成本主要与表面积 s 成正比,其他成本也包含与 w 和 s 成正比的部分,上述三种成本中都含有与 w,s 均无关的成分.又因为形状一定时一般有 $s\propto w^{2/3}$,故商品的价格可表为 $C=\alpha w+\beta w^{2/3}+\gamma$ (α,β,γ 为大于 0 的常数).

(2) 单位质量价格 $c=C/w=\alpha+\beta w^{-1/3}+\gamma w^{-1}$,其简图如图 4,显然 c 是 w 的减函数,说明大包装比小包装的商品便宜;曲线是下凸的,说明单价的减少值随着包装的变大是逐渐降低的,不要追求太大包装的商品.

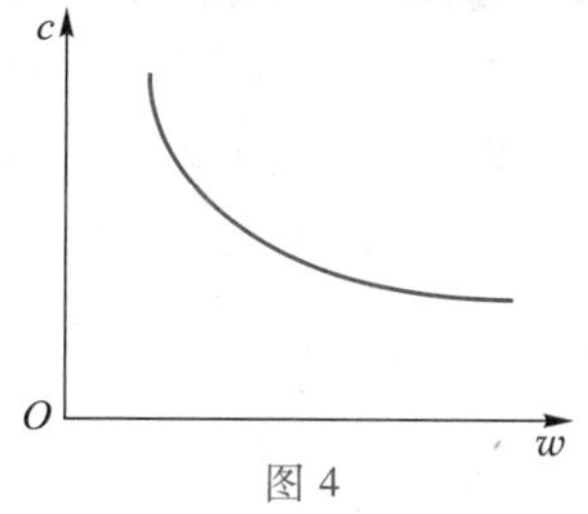

图 4

2. 对于同一种鱼不妨认为其整体形状是相似的,密度也大体上相同,所以质量 w 与身长 l 的立方成正比,即 $w=k_1l^3$,k_1 为比例系数.

常钓得较肥的鱼的垂钓者不一定认可上述模型,因为模型对肥鱼和瘦鱼同等看待.如果只假定鱼的横截面是相似的,则横截面积与鱼身最大周长的平方成正比,于是 $w=k_2d^2l$,k_2 为比例系数.

利用数据估计模型中的系数可得 $k_1=0.014\ 6$,$k_2=0.032\ 2$,将实际数据与模型结果比较如下表.

实际质量/g	765	482	1 162	737	482	1 389	652	454
模型 $w=k_1l^3$	727	469	1 226	727	483	1 339	675	483
模型 $w=k_2d^2l$	730	465	1 100	730	483	1 471	607	483

基本上满意.

3. 设圆盘半径为单位 1,矩形板材长 a,宽 b;可以精确加工,即圆盘之间及圆盘与板材之间均可相切.

方案一:圆盘中心按正方形排列,如图 5.圆盘总数为 $N_1=[a/2][b/2]$.

方案二:圆盘中心按六角形排列,如图 6.行数 m 满足 $2+(m-1)\sqrt{3}\leqslant a$,于是 $m=\left[\dfrac{a-2}{\sqrt{3}}\right]+1$.

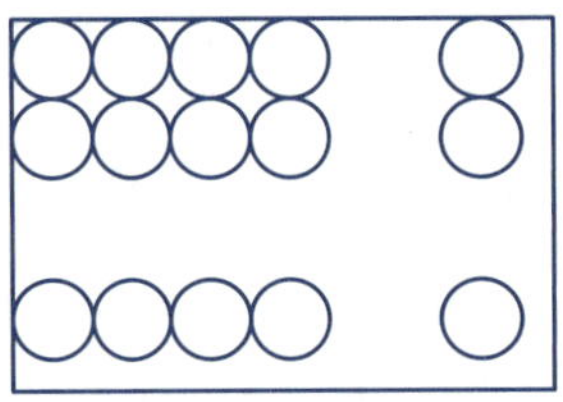

图 5

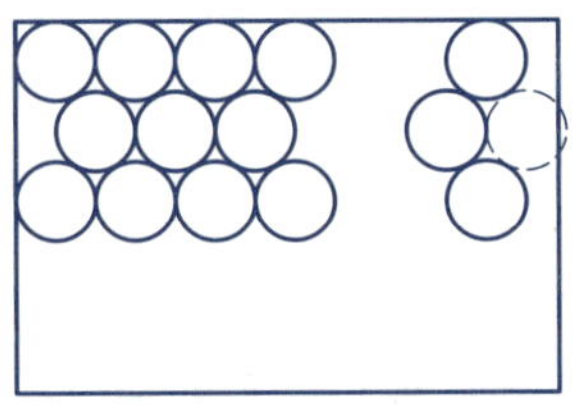

图 6

列数(按图 6 第 1 行计数)n 满足:若$[b]$为奇数,则各行圆盘数相同为$([b]-1)/2$;若$[b]$为偶数,则奇数行圆盘数为$[b]/2$,偶数行圆盘数为$[b]/2-1$.

$$\text{圆盘总数为 } N_2=\begin{cases} m([b]-1)/2, & m\text{ 为偶数}\\ m([b]-1)/2+1/2, & m\text{ 为奇数},[b]\text{为偶数}\end{cases}$$

两个方案的比较见下表(表中数字为 N_1/N_2).

a	b=3	5	8	10	14	20
4	2/2	4/4	8/7	10/9	14/13	20/19
7	3/3	6/6	12/11	15/14	21/20	30/29
10	5/5	10/10	20/18	25/23	35/33	50/48
15	7/8	14/16	28/28	35/36	49/52	70/76
20	10/11	20/22	40/39	50/50	70/72	100/105

当 a,b 较大时,方案二优于方案一.

其他方案：方案一、二混合，若 $a=b=20$，3 行正方形加 8 行六角形，圆盘总数为 106.

4. 假设处于静止状态的动物的饲养食物量主要用于维持体温不变，且动物体内热量主要通过它的表面积散失，对于一种动物其表面积 S 与其某特征尺寸 l 之间的关系是 $S\propto l^2$，所以饲养食物量 $w\propto l^2$.

5. 动物消耗的能量 P 主要用于维持体温，而体内热量通过其表面积 S 散失，记动物体重为 w，则 $P\propto S\propto w^{2/3}$. 又 P 正比于血流量 Q，而 $Q=qr$，其中 q 是动物每次心跳泵出的血流量，r 为心率. 合理地假设 q 与 w 成正比，于是 $P\propto wr$. 综上可得 $r\propto w^{-1/3}$，或 $r=kw^{-1/3}$. 由所给数据估计得 $k=2.0897\times10^3$，将实际数据与模型结果比较如下表.

动物	实际心率/(次·min^{-1})	模型结果/(次·min^{-1})
田鼠	670	715
家鼠	420	357
兔	205	166
小狗	120	122
大狗	85	67
羊	70	57
人	72	51
马	38	27

由于假设的粗糙，结果不够满意.

6. 略.

第 3 章　简单的优化模型

复习题

3.1　存贮模型

1. 在存贮模型的总费用中增加购买货物本身的费用,重新确定最优订货周期和订货批量.证明在不允许缺货模型和允许缺货模型中结果都与原来的一样.

2. 建立不允许缺货的生产销售存贮模型.设生产速率为常数 k,销售速率为常数 r,$k>r$.在每个生产周期 T 内,开始的一段时间($0<t<T_0$)一边生产一边销售,后来的一段时间($T_0<t<T$)只销售不生产，画出贮存量 $q(t)$ 的图形.设每次生产准备费为 c_1,单位时间每件产品贮存费为 c_2,以总费用最小为目标确定最优生产周期.讨论 $k\gg r$ 和 $k\approx r$ 的情况.

3.2　森林救火

在森林救火模型中,如果考虑消防队员的灭火速度 λ 与开始救火时的火势 b 有关,试假设一个合理的函数关系,重新求解模型.

3.3　倾倒的啤酒杯

设啤酒杯的侧壁是由任意曲线绕中轴线旋转形成的,建立啤酒杯质心随啤酒液面上升而变化的数学模型,证明啤酒杯质心与液面高度相重合时质心最低.

3.4　铅球掷远

1. 从(12)式出发,利用近似关系$(1+x)^{\frac{1}{2}}\approx 1+\frac{x}{2}$说明,模型二的最远投掷距离比模型一大约增加了一个出手高度.

2. 根据(6)式,用类似的方法说明,对任意出手角度,模型二的投掷距离比模型一大约增加了多少,并从教材中图 3 与图 2 给以几何解释.

3.5　不买贵的只买对的

1. 检验(4)式表示的效用函数是否满足(6)(7)式.

2. 如果商品甲的单价 p_1 下降,而商品乙单价 p_2、消费者准备付出的钱 s 和两种商品的效用函数 $U(x, y)$ 均不变,讨论效用最大化模型的最优解如何变化.

3. 如果收入 s 增加,而两种商品的单价 p_1,p_2 和效用函数 $U(x, y)$ 均不变,讨论效用最大化模型的最优解如何变化.

3.6　血管分支

如果模型假设中不作(3)式的简化,而是在消耗的能量中既有与 r^2 成正比、又有与 r 成正比的部分,试分析对建模和求解有什么影响.

3.7　篮球罚球命中

1. 推导(6)式,并由(7)(8)式画出最佳出手角度 θ^* 和最小出手速度 v_{min} 随出手高度 h 变化的曲线.

2. 推导(9)式,并证明(10)式与(7)式等价.

3. 以出手高度 h 为自变量,推导两条曲线 $\theta_{min}(l)$ 与 θ^* 交点坐标的一般公式,解释这个交点有什么实际意义.

4. 设出手高度 $h=2.0$ m,容许偏心 $p=6$ cm,计算最小入射角,参考图 3 选定一个出手角度(如 $\theta=60°$),计算与 s, s_1, s_2 相应的仰角 α, α_1, α_2, 出手速度 v, v_1, v_2,入射角 β, β_1, β_2,确定出手速度的变化范围. 计算篮球的飞行时间 t, t_1, t_2,并画出篮球的飞行曲线.

5. 推导(19)和(20)式,并利用(20)式估计出手速度的变化 Δv,与复习题 4 的计算结果作比较.

3.8　影院里的视角和仰角

1. 如果严格限制各排座位的仰角不超过 30°(误差 0.5°),如何调整 b 和 θ.

2. 将 θ 设定在 15°,而第一排座位与屏幕水平距离 d 可在 5 m 至 7 m 间调整,先定性分析 d 的变化对仰角和视角的影响,再重新求解模型,得出 b 和 d 的最优解.

3.9　易拉罐形状和尺寸的最优设计

1. 对于圆柱和圆台形状的易拉罐,在容积一定的情况下要求焊缝最短,建立数学模型确定易拉罐的尺寸.

2. 实际测量易拉罐的尺寸,特别注意上盖、下底、圆柱和圆台侧壁的厚度,并考虑对上盖和圆台侧壁高度的限制,按照圆柱模型重新计算.

训练题

1. 一饲养场每天投入 a 元资金用于饲料、设备、人力,估计可使一头质量为 w_0 kg 的生猪每天增加 b kg. 目前生猪出售的市场价格为 c 元/kg,但是预测每天会降低 d 元,建立最佳出售生猪时间的模型. 若 $a=4$, $b=2$, $c=8$, $d=0.1$, $w_0=80$,问应饲养几天后出售. 如果上面估计和预测的 b 和 d 有出入,对结果有多大影响.

2. 研究生入学考试科目为数学、外语和专业课三门,王君已经报考,尚有 11 周复习时间. 下表是他每门课的复习时间和预计得分,问在下面两种情况下他应该如何分配 11 周的复习时间? 预计最高可得多少分?

科目	周数										
	0	1	2	3	4	5	6	7	8	9	10
数学	20	40	55	65	72	77	80	82	83	84	85
外语	30	45	53	58	62	65	68	70	72	74	75
专业课	50	70	85	90	93	95	96	96	96	96	96

(1) 只考虑总分最多.

(2) 在三门课都及格的条件下总分最多.

3. 要在雨中从一处沿直线跑到另一处,若雨速为常数且方向不变,试建立数学模型讨论是否跑得越快,淋雨量越少.

将人体简化成一个长方体,高 $a=1.5$ m(颈部以下),宽 $b=0.5$ m,厚 $c=0.2$ m.设跑步距离 $d=1\ 000$ m,跑步最大速度 $v_m=5$ m/s,雨速 $u=4$ m/s,降雨量 $w=2$ cm/h,记跑步速度为 v. 按以下步骤进行讨论[16]:

(1) 不考虑雨的方向,设降雨淋遍全身,以最大速度跑步,估计跑完全程的总淋雨量.

(2) 雨从迎面吹来,雨线方向与跑步方向在与地面垂直的同一平面内,且与人体的夹角为 θ,如下左图.建立总淋雨量与速度 v 及参数 a,b,c,d,u,w,θ 之间的关系,问速度 v 多大,总淋雨量最少.计算 $\theta=0°$,$\theta=30°$ 时的总淋雨量.

(3) 雨从背面吹来,雨线方向与跑步方向在与地面垂直的同一平面内,且与人体的夹角为 α,如下右图.建立总淋雨量与速度 v 及参数 a,b,c,d,u,w,α 之间的关系,以总淋雨量为纵轴,速度 v 为横轴作图(考虑 α 的影响),问速度 v 多大,总淋雨量最少.计算 $\alpha=30°$ 时的总淋雨量,并解释结果的实际意义.

(4) 若雨线方向与跑步方向不在与地面垂直的同一平面内,模型会有什么变化?

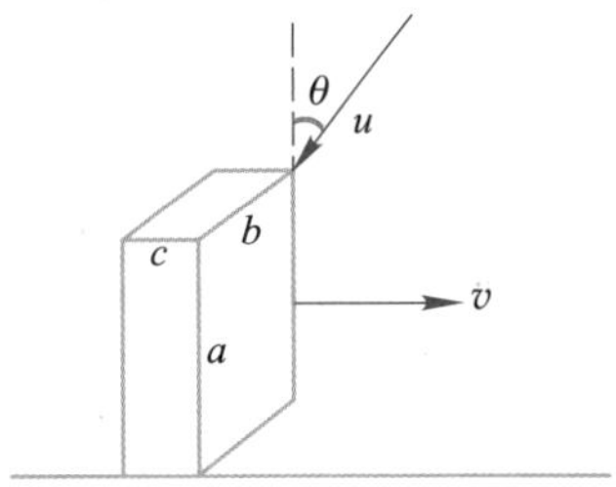

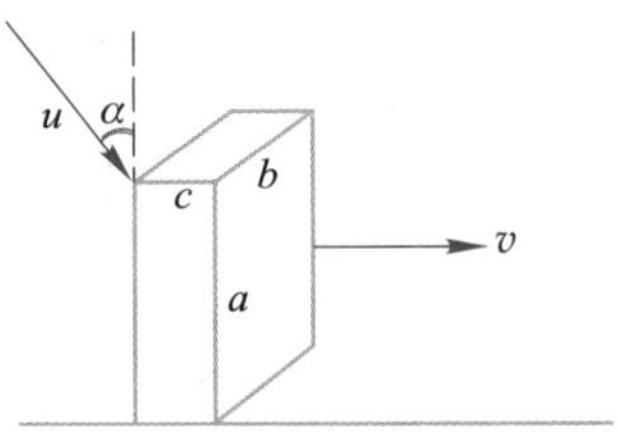

4. 甲乙两公司通过广告来竞争销售商品的数量,广告费分别是 x 和 y.设甲乙公司商品的销售量在两公司总销售量中占的份额,是他们的广告费在总广告费中所占份额的函数 $f\left(\frac{x}{x+y}\right)$ 和 $f\left(\frac{y}{x+y}\right)$.又设公司的收入与销售量成正比,从收入中扣除广告费后即为公司的利润.试构造模型的图形,并讨论甲公司怎样确定广告费才能使利润最大.

(1) 令 $t=\frac{x}{x+y}$,则 $f(t)+f(1-t)=1$.画出 $f(t)$ 的示意图.

(2) 写出甲公司利润的表达式 $p(x)$.对于一定的 y,使 $p(x)$ 最大的 x 的最优解应满足什么关系.用图解法确定这个最优解[7].

5. 人行走时做的功是抬高人体重心所需势能与两腿运动所需动能之和.试建立模型讨论在做功最小的准则下每秒走几步最合适(匀速行走).

(1) 设腿长 l,步长 s,且 $s<l$.证明人体重心在行走时升高 $\delta\approx s^2/(8l)$.

(2) 将腿看作均匀直杆,行走看作腿绕腰部的转动.设腿的质量 m,行走速度 v,证明单位时间所需动能为 $mv^3/(6s)$.

（3）设人体质量 M，证明在速度 v 一定时每秒行走 $n=\sqrt{\dfrac{3Mg}{4ml}}$ 步做功最小. 实际上，$\dfrac{M}{m}\approx 4$，$l\approx 1$ m，分析这个结果合理吗？

（4）将（2）的假设修改为：腿的质量集中在脚部，行走看作脚的直线运动. 证明结果应为 $n=\sqrt{\dfrac{Mg}{4ml}}$ 步. 分析这个结果是否合理[62].

6. 观察鱼在水中的运动发现，它不是水平游动，而是突发性、锯齿状地向上游动和向下滑行. 可以认为这是在长期进化过程中鱼类选择的消耗能量最小的运动方式.

（1）设鱼总是以常速 v 运动，鱼在水中净重 w，向下滑行时的阻力是 w 在运动方向的分力；向上游动时所需的力是 w 在运动方向分力与游动所受阻力之和，而游动的阻力是滑行阻力的 k 倍. 水平方向游动时的阻力也是滑行阻力的 k 倍. 写出这些力.

（2）证明当鱼要从 A 点到达处于同一水平线上的 B 点时（见下图），沿折线 ACB 运动消耗的能量与沿水平线 AB 运动消耗的能量之比为（向下滑行不消耗能量）$\dfrac{k\sin\alpha+\sin\beta}{k\sin(\alpha+\beta)}$.

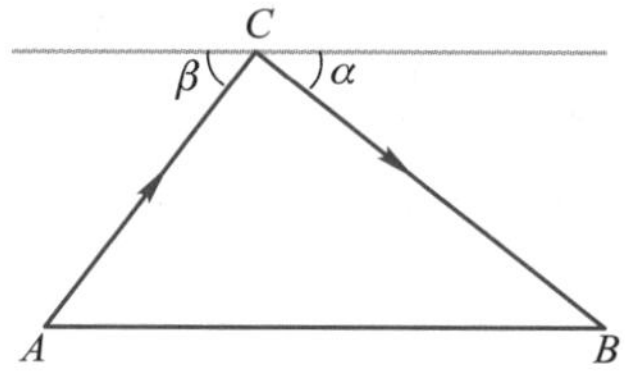

（3）据实际观察 $\tan\alpha\approx 0.2$，试对不同的 k 值（1.5，2，3），根据消耗能量最小的准则估计最佳的 β 值[7].

7. 对于篮球罚球命中模型，讨论出手高度 h 的改变对出手角度 θ 和出手速度 v 的影响.

（1）设 h 有微小变化 Δh，利用敏感性分析推导 $\Delta\theta$ 与 Δh 的关系（v 给定），以及 Δv 与 Δh 的关系（θ 给定）.

（2）设 $h=2.2$ m，$\Delta h=0.1$ m，给定 $v=7.2$ m/s，用数值计算和理论分析给出 $\Delta\theta$ 并进行比较.

（3）设 $h=2.2$ m，$\Delta h=0.1$ m，给定 $\theta=55°$，用数值计算和理论分析给出 Δv 并进行比较.

习题参考解答

复习题

3.1 存贮模型

1. 设购买单位质量货物的费用为 k,对于不允许缺货模型,每天平均费用为 $c(T)=\frac{c_1}{T}+\frac{c_2 rT}{2}+kr$, T, Q 的最优结果不变.对于允许缺货模型,每天平均费用为 $c(T,Q)=\frac{1}{T}\left[c_1+\frac{c_2 Q^2}{2r}+\frac{c_3}{2r}(rT-Q)^2+kR\right]$,注意到 $R=rT$,可知 T,Q 的最优结果也不变.

2. 贮存量 $q(t)$ 的图形如图 1.单位时间总费用 $c(T)=\frac{c_1}{T}+\frac{c_2 r(k-r)T}{2k}$,使 $c(T)$ 达到最小值的最优周期 $T^*=\sqrt{\frac{2c_1 k}{c_2 r(k-r)}}$.

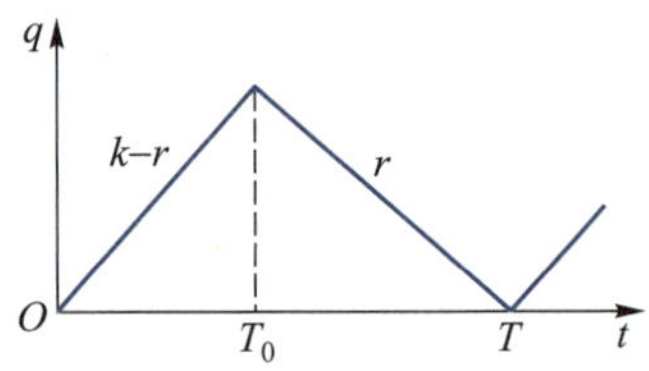

图 1

当 $k\gg r$ 时,$T^*=\sqrt{\frac{2c_1}{c_2 r}}$,相当于不考虑生产的情况.当 $k\approx r$ 时,$T^*\to\infty$,因为产量被销售量抵消,所以无法形成贮存量.

3.2 森林救火

不妨设 $\lambda(b)=\frac{\lambda'}{b+1}$,表示火势 b 越大,灭火速度 λ 越小,分母 $b+1$ 中的 1 是防止 $b\to 0$ 时 $\lambda\to\infty$ 而加的.最优解为

$$x=\sqrt{\frac{[c_1\lambda' b^2+2c_2 b(b+1)\beta](b+1)}{2c_3\lambda'^2}}+\frac{(b+1)\beta}{\lambda'}$$

3.3 倾倒的啤酒杯

设啤酒杯的侧壁由曲线 $y=y(x)$ 绕中轴线(坐标轴 x)旋转形成,液面高度为 x 时啤酒质量和质心位置分别记为 $w_1(x)$ 和 $s_1(x)$,啤酒密度为 ρ,则 $w_1(x)=\rho\int_0^x \pi y^2(x)\,\mathrm{d}x$, $s_1(x)=\rho\int_0^x \pi x y^2(x)\,\mathrm{d}x/w_1(x)$.空杯(包含侧壁和底面)的质量和质心分别记为 w_2 和 s_2,与 x 无关.啤酒杯质心 $s(x)=\frac{w_1(x)s_1(x)+w_2 s_2}{w_1(x)+w_2}=\frac{\rho\int_0^x \pi x y^2(x)\,\mathrm{d}x+w_2 s_2}{\rho\int_0^x \pi y^2(x)\,\mathrm{d}x+w_2}$.对 $s(x)$ 求导并令 $s'(x^*)=0$,得 $x^*=s(x^*)$.

3.4　铅球掷远

1. 由 $s=\frac{v}{g}\sqrt{v^2+2gh}$，利用 $(1+x)^{1/2}\approx 1+\frac{x}{2}$ 直接可得 $s\approx\frac{v^2}{g}+h$.

2. 由

$$s=\frac{v^2\sin\theta\cos\theta}{g}+\frac{v\cos\theta}{g}\sqrt{v^2\sin^2\theta+2hg}=\frac{v^2\sin 2\theta}{2g}\left[1+\left(1+\frac{2gh}{v^2\sin^2\theta}\right)^{1/2}\right]$$

利用 $(1+x)^{1/2}\approx 1+\frac{x}{2}$ 可得

$$s\approx\frac{v^2\sin 2\theta}{2g}\left[1+\left(1+\frac{gh}{v^2\sin^2\theta}\right)\right]=\frac{v^2\sin 2\theta}{g}+\frac{h}{\tan\theta}$$

与模型一(3)式相比多了一项 $h/\tan\theta$，将教材中图 3 与图 2 对比，可以直观地得到这个结果.

3.5　不买贵的只买对的

1. 均满足.

2. 图 2 中初始消费线 AB_1 与无差别曲线 l_1 相切于消费点 Q_1，单价 p_1 下降时 B_1 右移至 B_2，B_3，消费线 AB_2，AB_3 与 l_1 上面的无差别曲线 l_2，l_3 分别相切于消费点 Q_2，Q_3，最优解沿着 Q_1，Q_2，Q_3 方向变化，商品甲的购买量增加，与“价格下降消费量上升”的常识一致.商品乙购买量的改变取决于效用函数的形式.

3. 图 3 中初始消费线 A_1B_1 与无差别曲线 l_1 相切于消费点 Q_1，s 增加时消费线向上平移至 A_2B_2，A_3B_3，与 l_1 上面的无差别曲线 l_2，l_3 分别相切于消费点 Q_2，Q_3，最优解沿着 Q_1，Q_2，Q_3 方向变化，两种商品的购买量均增加，与“收入增加消费量上升”的常识一致.购买量增加的比例取决于效用函数的形式.

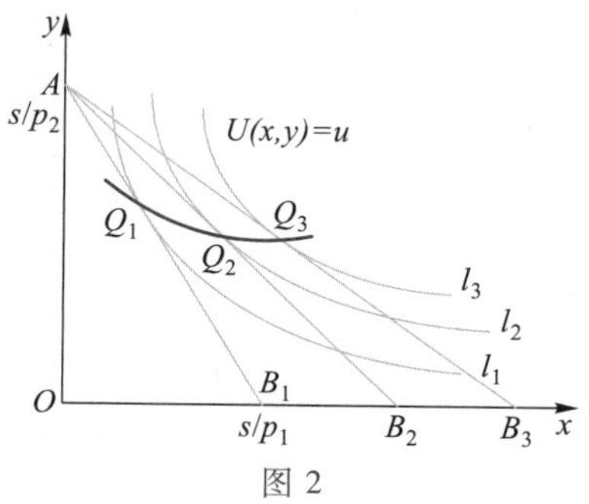

图 2

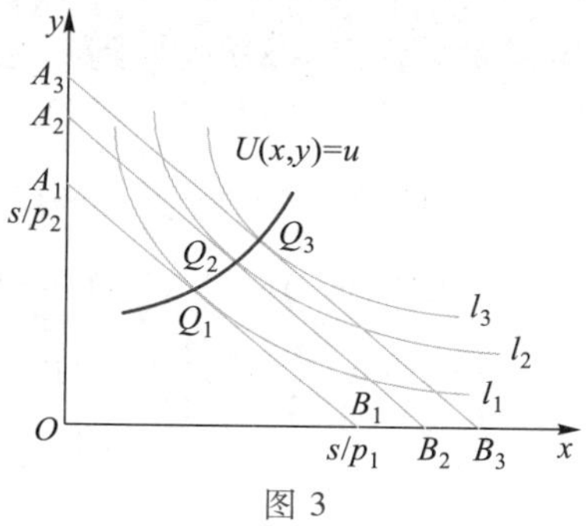

图 3

3.6　血管分支

可以建模，但求解困难.

3.7　篮球罚球命中

1. 由(5)式出发可得

$$v^2=\frac{gs}{2\cos^2\theta(\tan\theta-\tan\alpha)}=\frac{gs}{\sin 2\theta-2\cos^2\theta\tan\alpha}$$

$$=\frac{gs}{\sin 2\theta-2\cos^2\theta\tan\alpha}=\frac{gs}{\sin 2\theta-\cos 2\theta\tan\alpha-\tan\alpha}=\frac{gs\cos\alpha}{(\sin 2\theta\cos\alpha-\cos 2\theta\sin\alpha)-\sin\alpha}$$

$$=\frac{gs\cos\alpha}{\sin(2\theta-\alpha)-\sin\alpha},$$

得到(6)式. θ^* 和 $v_{\min}$ 随 h 变化的曲线(略).

2. 由(5)式可得 $\tan\theta$ 的二次方程为

$$\tan^2\theta-\frac{2v^2}{gs}\tan\theta+\frac{2v^2}{gs}\left(\frac{gs}{2v^2}+\tan\alpha\right)=0,$$

求解即得(9)式. 由(10)式可得

$$\tan 2\theta^*=\frac{2\tan\theta^*}{1-\tan^2\theta^*}=2\frac{(1+\sin\alpha)/\cos\alpha}{1-[(1+\sin\alpha)/\cos\alpha]^2}=-\frac{\cos\alpha}{\sin\alpha}=-\frac{1}{\tan\alpha}, \text{即 } 2\theta^*=\alpha+90°,$$

得(7)式.

3. 将(10)与(13)式联立,求解 h 与 l 的关系可得

$$2\frac{h-b}{s}=\frac{1}{\tan\beta(l)}-\tan\beta(l),$$

$$\tan\beta(l)=\frac{d}{\sqrt{(D-2l)^2-d^2}},$$

可以用 $l=3$ 时交点坐标 $h\approx2.17,\theta^*\approx51°$ 检验结果. 表明以最佳出手角曲线 θ^* 罚球,出手高度 $h<2.17$ m 时球与筐之间的空隙 $l<3$ cm, $h>2.17$ 时, $l>3$ cm.

4. 设 $h=2.0$ m, $p=0.06$ m, $\theta=60°$, $\beta_{\min}=48.201\ 7°$,计算结果如下表,飞行曲线如图 4.

s/m	$s=4.2$	$s_1=4.26$	$s_2=4.14$
α/°	14.037 3	13.847 2	14.232 5
v/(m·s^{-1})	7.452 6	7.496 8	7.408 2
β/°	50.932 1	51.091 8	50.766 5
t/s	1.127 0	1.136 3	1.117 5

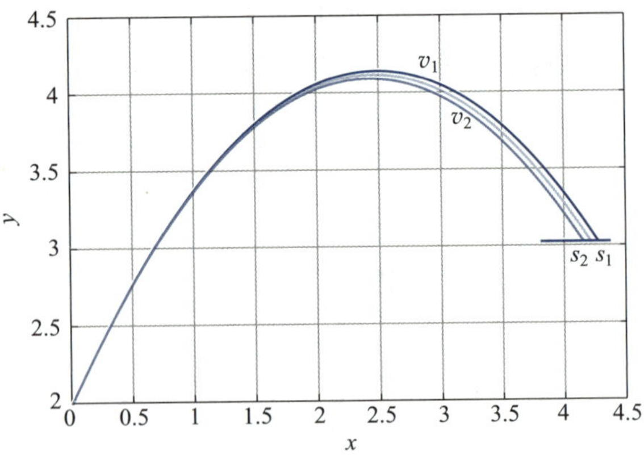

图 4

5. 比较简单的方法是将(5)式化为

$$\left(\frac{s}{\cos\theta}\right)^2-\frac{2v^2}{g}s\tan\theta+\frac{2v^2(b-h)}{g}=0.$$

计算 $\frac{\mathrm{d}s}{\mathrm{d}\theta}$ 即得(19)式,计算 $\frac{\mathrm{d}s}{\mathrm{d}v}$ 即得(20)式. 由(20)式估计 $\Delta v=0.044\ 3$,与复习题 4 的结果一致.

3.8　影院里的视角和仰角

1. 只需使第一排仰角 β_1 不超过 30°(误差 0.5°)即可,由(2)式 $\tan\beta_1=\dfrac{b-c+h}{d}$,$c$, h, d 的数值代入后可得,当 $b=2.1$ m,$\beta_1=30.256\ 4°$时,满足要求,再根据表 1,$\theta=10°$.

2. 定性分析 d 增加使仰角和视角均减小,重新求解模型,得出最优解 $b=3$ m 和 $d=7$ m.

3.9　易拉罐形状和尺寸的最优设计

1. 对于圆柱形易拉罐,仍记底面半径 r,高度 h,则焊缝长度为 $L=4\pi r+h$,将容积 $V=\pi r^2h$ 的 h 解出代入 L, 求导数并令其等于 0,可得 $h=2\pi r$,即最优解是圆柱高度为底面直径的π倍.

对于圆台形易拉罐,圆台上底面的半径和高度记作 r_1, h_1,焊缝长度为 $L=4\pi r+h+2\pi r_1+\sqrt{(r-r_1)^2+h_1^2}$,容积 $V=\pi r^2h+\pi h_1(r^2+r_1^2+rr_1)/3$,将 V 固定求 r, h,r_1, h_1,使 L 最小,需用数值方法求解.

2. 略.

训练题

1. 最佳出售时间以获利最大为目标.t 天后的生猪质量 $w=w_0+bt$,出售价格 $p=c-dt$,收入 $R=pw$. 又投入资金 $C=at$, 故利润为 $Q=R-C=pw-C$,得到目标函数

$$Q(t)=(c-dt)(w_0+bt)-at$$

求 t 使 Q 最大,解得 $t=\dfrac{bc-dw_0-a}{2bd}$,以 $a=4$,$b=2$,$c=8$,$d=0.1$,$w_0=80$ 代入得 $t=10$(天).

2. 先根据每门课的预计总得分,计算增加复习时间每门课的边际得分,如下表.

科目	周数									
	1	2	3	4	5	6	7	8	9	10
数学	20	15	10	7	5	3	2	1	1	1
外语	15	8	5	4	3	3	2	2	2	1
专业课	20	15	5	3	2	1	0	0	0	0

若只考虑总分最多,根据效用最大化原理,11 周复习时间应该按照数学 5 周、外语 3 周、专业课 3 周分配(边际得分大于等于 5).预计最高得分为 77+58+90=225.

若要求在三门课都及格的条件下总分最多,按照他的预计总得分,应至少保证复习数学 3 周、外语 4 周、专业课 1 周,尚余 3 周时间,考虑边际得分最大应先分配数学、专业课各 1 周,最后 1 周给数学或专业课均可(边际得分都等于 5).预计最高得 224 分.

3. (1) 全身面积 $s=2ab+2ac+bc=2.2\ \mathrm{m}^2$,淋雨时间 $t=d/v_m=200$ s,降雨量 $w=2$ cm/h$=10^{-4}/18$ m/s,所以总淋雨量 $Q=stw\approx 2.44$ L.

(2) 顶部淋雨量 $Q_1=bcdw\cos\theta/v$;雨速水平分量 $u\sin\theta$,方向与 v 相反,合速度

$u\sin\theta+v$，迎面单位时间、单位面积的淋雨量 $w(u\sin\theta+v)/u$，迎面淋雨量 $Q_2=abdw(u\sin\theta+v)/uv$，所以总淋雨量 $Q=Q_1+Q_2=\frac{bdw}{u}\frac{cu\cos\theta+a(u\sin\theta+v)}{v}$. $v=v_{\mathrm{m}}$ 时，Q 最小.若 $\theta=0$，$Q\approx1.15$ L.若 $\theta=30^\circ$，$Q\approx1.55$ L .

(3) 与(2)不同的是，合速度为 $|u\sin\alpha-v|$，总淋雨量是顶部与背部淋雨量之和，有

$$Q=\begin{cases}\dfrac{bdw}{u}\dfrac{cu\cos\alpha+a(u\sin\alpha-v)}{v}=\dfrac{bdw}{u}\dfrac{u(c\cos\alpha+a\sin\alpha)-av}{v}, & v\leqslant u\sin\alpha\\[2ex] \dfrac{bdw}{u}\dfrac{cu\cos\alpha+a(v-u\sin\alpha)}{v}=\dfrac{bdw}{u}\dfrac{u(c\cos\alpha-a\sin\alpha)+av}{v}, & v>u\sin\alpha\end{cases}$$

若 $c\cos\alpha-a\sin\alpha<0$，即 $\tan\alpha>c/a$，则 $v=u\sin\alpha$ 时 Q 最小，如图 5(a).否则，$v=v_{\mathrm{m}}$ 时 Q 最小，如图 5(b).当 $\alpha=30^\circ$，$\tan\alpha>c/a=0.2/1.5$，则 $v=4\sin30^\circ=2$ m/s 时 $Q\approx0.24$ L最小.可与 $v=v_{\mathrm{m}}$ 时 $Q\approx0.72$ L 相比.

只要 α 不太小，满足 $\tan\alpha>c/a$($a=1.5$ m，$c=0.2$ m 时，$\alpha>7.6^\circ$ 即可)，就有 $v=u\sin\alpha$时 Q 最小，此时人体背面不淋雨，只有顶部淋雨，比用最大速度跑的淋雨量要小.

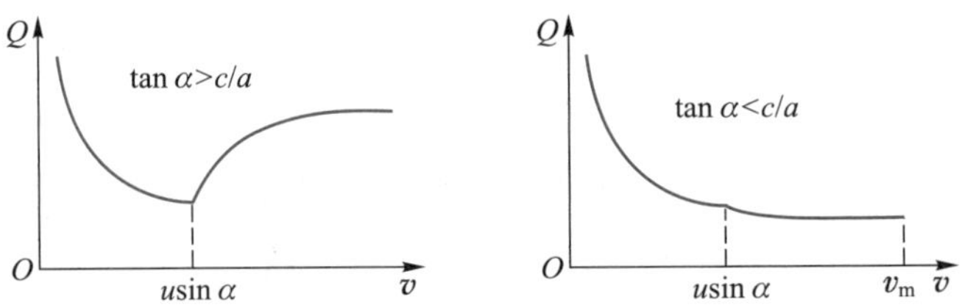

(a)　　(b)

图 5

(4) 用两个角度表示雨的方向，应计算侧面的淋雨量，问题本质上没有变化.

4. (1) $f(t)$ 图形以(1/2, 1/2)为中心对称，由图 6 实线或虚线所示.其中 $f(0)=a$ 是甲公司的广告费为零时其消费量所占份额.以下设 $f(t)$ 为实线形状.

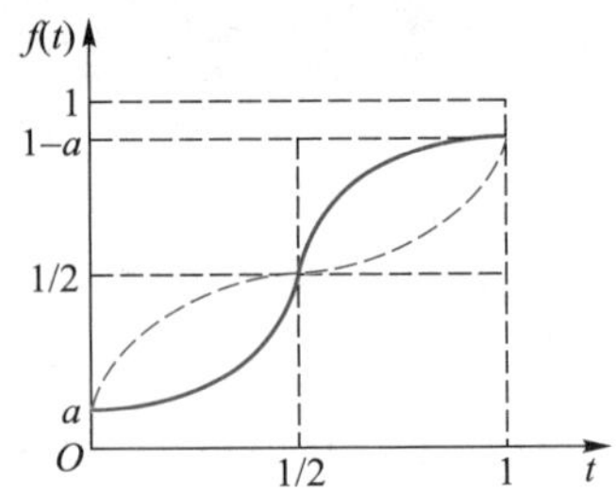

图 6

(2) 甲公司利润为 $p(x)=\alpha f\left(\frac{x}{x+y}\right)-x$，$\alpha$ 是收入与消费量的比例系数.求 $p(x)$ 的最大值点 x^* 有多种方法，例如：

a) 由 $p'(x^*)=0$ 可得 $f'(t^*)=\frac{y}{\alpha}\left(\frac{1}{1-t^*}\right)^2$，记 c 是任意常数.则曲线族$g(t)$中与$f(t)$相切的那一条曲线的切点坐标为 t^*(见图 7)，而 $t^*=\frac{x^*}{x^*+y}$.

b) 由 $f(t)-t$ 图形做出图形(见图 8)，再作直线 $h(x)=\frac{x}{\alpha}$，在曲线上找一点 M，其

横坐标 $x^*>y$，使过 M 点的切线平行于 $h(x)$，x^* 即为所求.

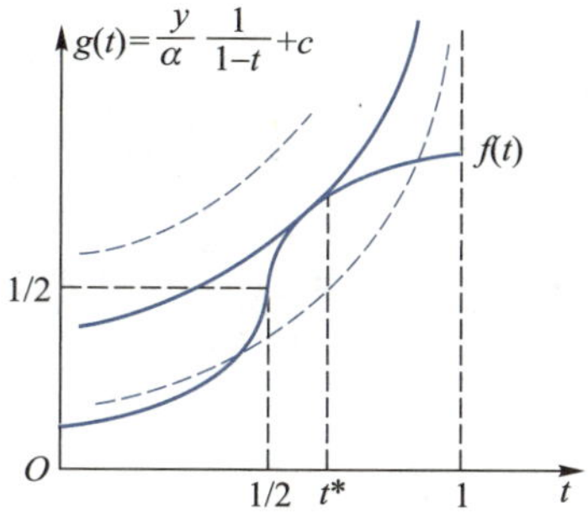

图 7

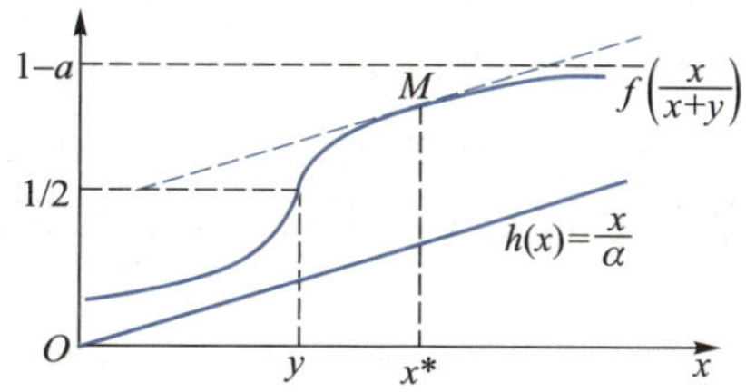

图 8

5. (1) 如图 9，重心升高 $\delta=l-l\cos\theta=l-l\left(1-\frac{s^2}{4l^2}\right)^{1/2}\approx\frac{s^2}{8l}$（当 s/l 较小时）.

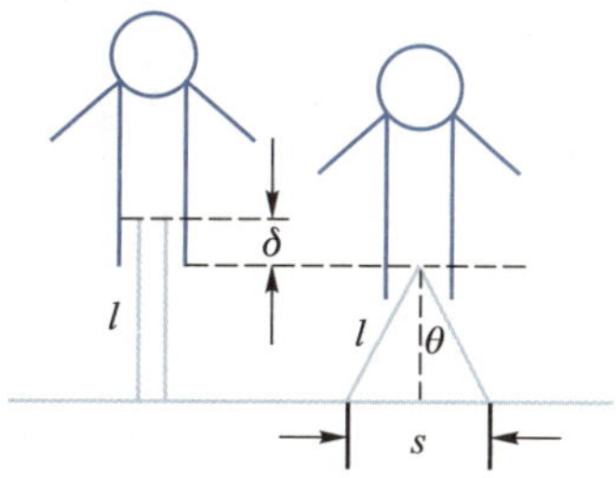

图 9

(2) 腿的转动惯量 $I=\frac{ml^2}{3}$，角速度 $\omega=\frac{v}{l}$，单位时间的步数为 $\frac{v}{s}$，所以单位时间行走所需的动能为 $W_e=\frac{1}{2}I\omega^2\frac{v}{s}=\frac{mv^3}{6s}$.

(3) 单位时间内使身体重心升高所做的功为 $W_\delta=Mg\delta\frac{v}{s}=\frac{Mgsv}{8l}$，所以单位时间行走所需的总功 $W=W_e+W_\delta=\frac{mv^3}{6s}+\frac{Mgsv}{8l}$. 代入 $n=\frac{v}{s}$，得 $W=v^2\left(\frac{m}{6}n+\frac{Mg}{8l}\frac{1}{n}\right)$，于是当 v 一定时，$n=\sqrt{\frac{3Mg}{4ml}}$ 可使 W 最小. 设 $\frac{M}{m}=4$，$l=1$ m，可得 $n=5\sim6$，n 显然过大.

(4) 动能将变为 $W'_e=\frac{1}{2}mv^2\frac{v}{s}=\frac{mv^3}{2s}$. 用前法可得 $n=\sqrt{\frac{Mg}{4ml}}\approx3$，这个结果更合理些.

6. (1) 向下滑行的阻力是 $f_1=w\sin\alpha$，向上游动的力是 $f_2=w\sin\beta+kw\sin\alpha$，水平游动的阻力是 $f_3=kw\sin\alpha$（见图 10）.

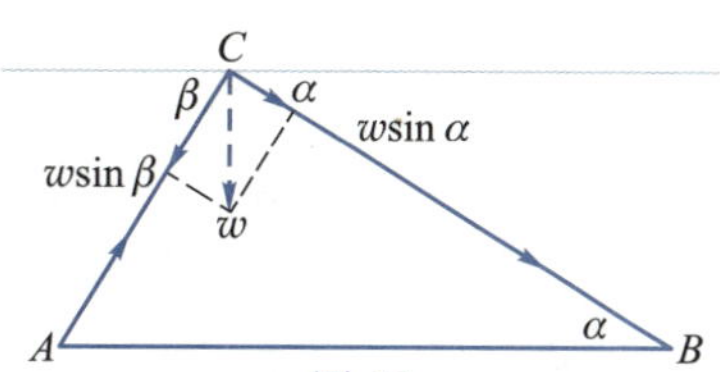

图 10

(2) 沿 ACB 运动的能量 $E_{ACB}=f_2\cdot AC$，沿 AB 运动的能量 $E_{AB}=f_3\cdot AB$，而 $\frac{AC}{AB}=\frac{\sin\alpha}{\sin(\alpha+\beta)}$，所以 E_{ACB} 与 E_{AB} 之比为 $Q=\frac{k\sin\alpha+\sin\beta}{k\sin(\alpha+\beta)}$.

(3) 由 $\frac{\partial Q}{\partial\alpha}=0$ 和 $\frac{\partial Q}{\partial\beta}=0$，可求得最佳角度 α,β 满足 $\cos(\alpha+\beta)=1/k\ (k>1)$. 由 $\tan\alpha=$

0. 2,得 $\alpha\approx 11.3°$,对于 $k=1.5,2,3$ 分别求出 $\beta\approx 37°,49°,59°$.

7. (1) $d\theta=\dfrac{v^2\cos^2\theta}{s(gs\tan\theta-v^2)}dh$, $dv=\dfrac{v}{2(b-h)-2s\tan\theta}dh$.

(2) 数值计算得 $\theta=56.939\ 1°$,出手角度区间[$\theta_1=54.557\ 3°$,$\theta_2=58.154\ 7°$],$\Delta\theta\approx$ 1.8°,理论值 $d\theta=1.849\ 4°$.

(3) 数值计算得 $v=7.143\ 7$ m/s,出手速度区间[$v_1=7.214\ 1$,$v_2=7.075\ 3$],$\Delta v\approx$ -0.07,理论值 $dv=-0.069\ 4$,注意负号的含义.

第 4 章　数学规划模型

复习题

4.1　奶制品的生产与销售

考虑以下“食谱问题”[78]：某学校为学生提供营养套餐，希望以最小费用来满足学生对基本营养的需求.按照营养学家的建议，一个人一天对蛋白质、维生素 A 和钙的需求如下：50 g 蛋白质、4 000 IU（国际单位）维生素 A 和 1 000 mg 钙.我们只考虑以下食物构成的食谱：苹果、香蕉、胡萝卜、枣汁和鸡蛋，其营养含量见下表.确定每种食物的用量，以最小费用满足营养学家建议的营养需求，并考虑：

（1）对维生素 A 的需求增加一个单位时，是否需要改变食谱？成本增加多少？如果对蛋白质的需求增加 1 g 呢？如果对钙的需求增加 1 mg 呢？

（2）胡萝卜的价格增加 1 角时，是否需要改变食谱？成本增加多少？

食物	单位	蛋白质/g	维生素 A/IU	钙/mg	价格/角
苹果	138 g/个（中等大小）	0.3	73	9.6	10
香蕉	118 g/个（中等大小）	1.2	96	7	15
胡萝卜	72 g/个（中等大小）	0.7	20 253	19	5
枣汁	178 g/杯	3.5	890	57	60
鸡蛋	44 g/个（中等大小）	5.5	279	22	8

4.2　自来水输送与货机装运

考虑以下“运输问题”[78]：某公司有 6 个建筑工地要开工，每个工地的位置（用平面坐标 x, y 表示，距离单位：km）及水泥日用量 d（单位：t）由下表给出.目前有两个临时料场位于 A（5，1），B（2，7），日储量各有 20 t.假设从料场到工地之间均有直线道路相连，试制定每天的供应计划，即从 A，B 两料场分别向各工地运送多少吨水泥，使总运输量最小.

	1	2	3	4	5	6
x/km	1.25	8.75	0.5	5.75	3	7.25
y/km	1.25	0.75	4.75	5	6.5	7.75
d/t	3	5	4	7	6	11

4.3　汽车生产与原油采购

1. 考虑 4.2 节的复习题，为了进一步减少运输量，打算舍弃两个临时料场，改建两个新的，日储量仍各为 20 t，应建在何处？节省的运输量有多大？[78]

2. 某公司将4种不同含硫量的液体原料(分别记为甲、乙、丙、丁)混合生产两种产品(分别记为A,B).按照生产工艺的要求,原料甲、乙、丁必须首先倒入混合池中混合,混合后的液体再分别与原料丙混合生产A,B.已知原料甲、乙、丙、丁的含硫量分别是3%,1%,2%,1%,进货价格(单位:千元/t)分别为6,16,10,15;产品A,B的含硫量分别不能超过2.5%,1.5%,售价分别为9,15.根据市场信息,原料甲、乙、丙的供应没有限制,原料丁的供应量最多为50 t;产品A,B的市场需求量分别为100 t,200 t.问应如何安排生产[20]?

4.4 接力队的选拔与选课策略

某公司指派 n 个员工到 n 个城市工作(每个城市单独一人),希望使所花费的总电话费用尽可能少.n 个员工两两之间每个月通话的时间表示在下面的矩阵的上三角形部分(假设通话的时间矩阵是对称的,没有必要写出下三角形部分),n 个城市两两之间通话费率表示在下面的矩阵的下三角形部分(同样道理,假设通话的费率矩阵是对称的,没有必要写出上三角形部分). 试求解该二次指派问题.(如果你的软件解不了这么大规模的问题,那就只考虑最前面的若干员工和城市.)[20]

$$
\begin{pmatrix}
0 & 5 & 3 & 7 & 9 & 3 & 9 & 2 & 9 & 0 \\
7 & 0 & 7 & 8 & 3 & 2 & 3 & 3 & 5 & 7 \\
4 & 8 & 0 & 9 & 3 & 5 & 3 & 3 & 9 & 3 \\
6 & 2 & 10 & 0 & 8 & 4 & 1 & 8 & 0 & 4 \\
8 & 6 & 4 & 6 & 0 & 8 & 8 & 7 & 5 & 9 \\
8 & 5 & 4 & 6 & 6 & 0 & 4 & 8 & 0 & 3 \\
8 & 6 & 7 & 9 & 4 & 3 & 0 & 7 & 9 & 5 \\
6 & 8 & 2 & 3 & 8 & 8 & 6 & 0 & 5 & 5 \\
6 & 3 & 6 & 2 & 8 & 3 & 7 & 8 & 0 & 5 \\
5 & 6 & 7 & 6 & 6 & 2 & 8 & 8 & 9 & 0
\end{pmatrix}
$$

4.5 饮料厂的生产与检修

某储蓄所每天的营业时间是上午9:00到下午5:00.根据经验,每天不同时间段所需要的服务员数量如下表:

时间段	9—10	10—11	11—12	12—13	13—14	14—15	15—16	16—17
服务员数量	4	3	4	6	5	6	8	8

储蓄所可以雇佣全时和半时两类服务员.全时服务员每天报酬100元,从上午9:00到下午5:00工作,但中午12:00到下午2:00之间必须安排1 h的午餐时间.储蓄所每天可以雇佣不超过3名的半时服务员,每个半时服务员必须连续工作4 h,报酬40元.问该储蓄所应如何雇佣全时和半时两类服务员?如果不能雇佣半时服务员,每天至少增加多少费用?如果雇佣半时服务员的数量没有限制,每天可以减少多少费用?

4.6　钢管和易拉罐下料

某钢管零售商从钢管厂进货，将钢管按照顾客的要求切割后售出．从钢管厂进货时得到的原料钢管长度都是 1 850 mm．现有一客户需要 15 根 290 mm、28 根 315 mm、21 根 350 mm 和 30 根 455 mm 的钢管．为了简化生产过程，规定所使用的切割模式的种类不能超过 4 种，使用频率最高的一种切割模式按照一根原料钢管价值的 1/10 增加费用，使用频率次之的切割模式按照一根原料钢管价值的 2/10 增加费用．以此类推，且每种切割模式下的切割次数不能太多（一根原料钢管最多生产 5 根产品）．此外，为了减少余料浪费，每种切割模式下的余料浪费不能超过 100 mm．为了使总费用最小，应如何下料[20]？

4.7　广告投入与升级调薪

某公司 3 个工厂生产的产品供应给 4 个客户，各工厂生产量、各用户需求量及从各工厂到各用户的单位产品的运输费用由下表给出．

用户	1	2	3	4	生产量
工厂 1	5	2	6	7	300
工厂 2	3	5	4	6	200
工厂 3	4	5	2	3	400
需求量	200	100	450	250	

（1）如果只考虑总运费最小，制定所有产品的最优运输方案．

（2）由于总生产量小于总需求量，公司经研究确定了调配方案的 8 项目标并规定了重要性的次序：

第一目标：用户 4 为重要客户，需求量必须全部满足；

第二目标：供应用户 1 的产品中，工厂 3 的产品不少于 100 个单位；

第三目标：每个用户的满足率不低于 80%；

第四目标：应尽量满足各用户的需求；

第五目标：总运费不超过（1）中运输方案的 10%；

第六目标：工厂 2 到用户 4 的路线应尽量避免运输任务；

第七目标：用户 1 和用户 3 的需求满足率应尽量保持平衡；

第八目标：力求减少总运费．

请列出相应的目标规划模型并进行求解．[91]

4.8　投资的风险与收益

1. 对一个随机变量 R，其下半方差定义为 $\mathrm{Var}^{-}(R)=E\left(\max(ER-R,0)\right)^2$．请对例 1 采用下半方差作为风险指标建立模型，求解并与例 1 的结果比较．你觉得采用哪个风险指标更合适？

2. 例 2 中的约束（7）是一个分段线性函数，请你分别按照以下两种思路对这个约束进行预处理,并对模型进行求解.

(1) 由于总的投资金额 M 较大,而购买各种资产的阈值 u_i 都不太大,可将约束(7)用线性约束$c_i(x_i)=p_ix_i$ 近似,使模型得到简化.请进一步分析这一近似的效果与 M 的大小有什么关系?

(2) 对每种资产,引入两个 0－1 变量,对投资额是否为 0、是否大于阈值 u_i 进行刻画,得到约束(7)的另一种等价描述.

训练题

1. 某银行经理计划用一笔资金进行有价证券的投资,可供购进的证券以及其信用等级、到期年限、到期税前收益如下表所示.按照规定,市政证券的收益可以免税,其他证券的收益需按 50%的税率纳税.此外还有以下限制:

(1) 政府及代办机构的证券总共至少要购进 400 万元;

(2) 所购证券的平均信用等级不超过 1.4(信用等级数字越小,信用程度越高);

(3) 所购证券的平均到期年限不超过 5 年.

证券名称	证券种类	信用等级	到期年限	到期税前收益/%
A	市政	2	9	4.3
B	代办机构	2	15	5.4
C	政府	1	4	5.0
D	政府	1	3	4.4
E	市政	5	2	4.5

问:(1) 若该经理有 1 000 万元资金,应如何投资?

(2) 如果能够以 2.75%的利率借到不超过 100 万元资金,该经理应如何操作?

(3) 在 1 000 万元资金情况下,若证券 A 的税前收益增加为 4.5%,投资应否改变?若证券 C 的税前收益减少为 4.8%,投资应否改变[9]?

2. 一家出版社准备在某市建立两个销售代理点,向 7 个区的大学生售书,每个区的大学生数量(单位:千人)表示在右图上.每个销售代理点只能向本区和一个相邻区的大学生售书,这两个销售代理点应该建在何处,才能使所能供应的大学生的数量最大?建立该问题的整数线性规划模型并求解[66].

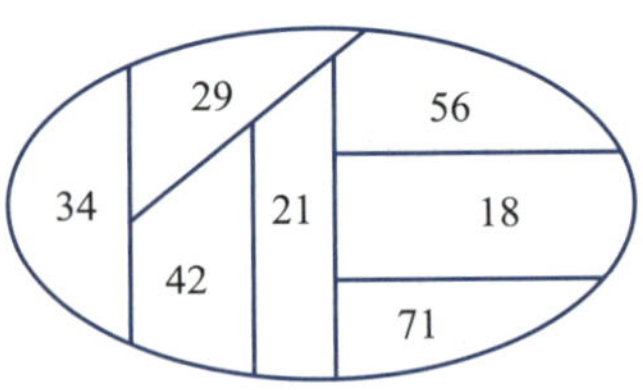

3. 一家保姆服务公司专门向顾主提供保姆服务,公司向顾主收取费用后统一给保姆发工资,每人每月工资固定.根据估计,下一年的需求是:春季 6 000 人·日,夏季 7 500 人·日,秋季 5 500 人·日,冬季 9 000 人·日.公司新招聘的保姆必须经过 5 天的培训才能上岗,每个保姆每季度工作(新保姆包括培训)65 天.春季开始时公司拥有 120 名保姆,在每个季度结束后,将有 15%的保姆自动离职.

(1) 如果公司不允许解雇保姆,请你为公司制订下一年的招聘计划;哪些季度需求的增加不影响招聘计划?可以增加多少?

（2）如果公司在每个季度结束后允许解雇保姆，请为公司制订下一年的招聘计划[9].

4. 在甲乙双方的一场战争中，一部分甲方部队被乙方部队包围长达 4 个月.由于乙方封锁了所有水陆交通通道，被包围的甲方部队只能依靠空中交通维持供给.运送 4 个月的供给分别需要 2 次，3 次，3 次，4 次飞行，每次飞行编队由 50 架飞机组成（每架飞机需要 3 名飞行员），可以运送 10^5t 物资.每架飞机每个月只能飞行一次，每名飞行员每个月也只能飞行一次.在执行完运输任务后的返回途中有 20% 的飞机会被乙方部队击落，相应的飞行员也因此牺牲或失踪.在第 1 个月开始时，甲方拥有 110 架飞机和 330 名熟练的飞行员.在每个月开始时，甲方可以招聘新飞行员和购买新飞机.新飞机必须经过一个月的检查后才可以投入使用，新飞行员必须在熟练飞行员的指导下经过一个月的训练才能投入飞行.只有不执行当月飞行任务的熟练飞行员可以作为当月的教练指导新飞行员进行训练，每名教练每个月指导 20 名飞行员（包括他自己在内）进行训练.每名飞行员在完成一个月的飞行任务后，必须有一个月的带薪假期，假期结束后才能再投入飞行.已知各项费用（单位略去）如下表所示，请你为甲方安排一个飞行计划.

	第 1 个月	第 2 个月	第 3 个月	第 4 个月
新飞机价格	200.0	195.0	190.0	185.0
闲置的熟练飞行员报酬	7.0	6.9	6.8	6.7
教练和新飞行员报酬（包括培训费用）	10.0	9.9	9.8	9.7
执行飞行任务的熟练飞行员报酬	9.0	8.9	9.8	9.7
休假期间的熟练飞行员报酬	5.0	4.9	4.8	4.7

如果每名教练每个月可以指导不超过 20 名新飞行员（不包括他自己在内）进行训练，模型和结果有哪些改变[1]？

5. 某电力公司经营两座发电站，发电站分别位于两个水库上，位置如下图所示.

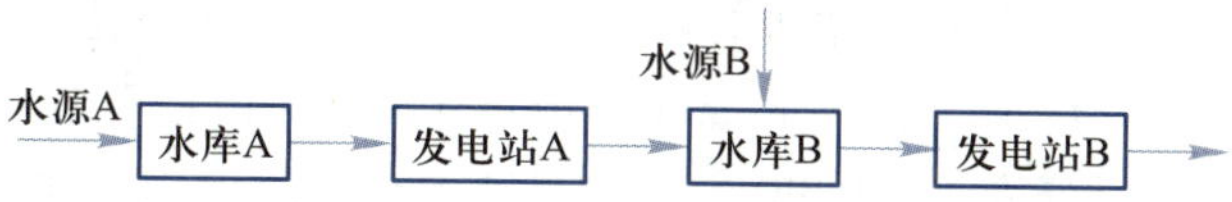

已知发电站 A 可以将水库 A 的 10 000 m^3 的水转换为 400 千度电能，发电站 B 只能将水库 B 的 10 000 m^3 的水转换为 200 千度电能.发电站 A，B 每个月的最大发电能力分别是60 000千度、35 000 千度.每个月最多有 50 000 千度电能够以 200 元/千度的价格售出，多余的电能只能够以 140 元/千度的价格售出.水库 A，B 的其他有关数据如下表（单位：10^4 m^3）.

	水库 A	水库 B
水库最大蓄水量	2 000	1 500

续表

		水库 A	水库 B
水源流入水量	本月	200	40
	下月	130	15
水库最小蓄水量		1 200	800
水库目前蓄水量		1 900	850

请你为该电力公司制订本月和下月的生产经营计划(千度是非国际单位制单位，1 千度 = 10^3kW · h).

6. 如下图所示，有若干工厂的污水经排污口流入某江，各口有污水处理站，处理站对面是居民点.工厂 1 上游江水流量和污水质量浓度、国家标准规定的水的污染浓度及各个工厂的污水流量和污水质量浓度均已知道.设污水处理费用与污水处理前后的质量浓度差和污水流量成正比，使每单位流量的污水下降一个质量浓度单位需要的处理费用(称处理系数)为已知.处理后的污水与江水混合，流到下一个排污口之前，自然状态下的江水也会使污水质量浓度降低一个比例系数(称自净系数)，该系数可以估计.试确定各污水处理站出口的污水质量浓度，使在符合国家标准规定的条件下总的处理费用最小.

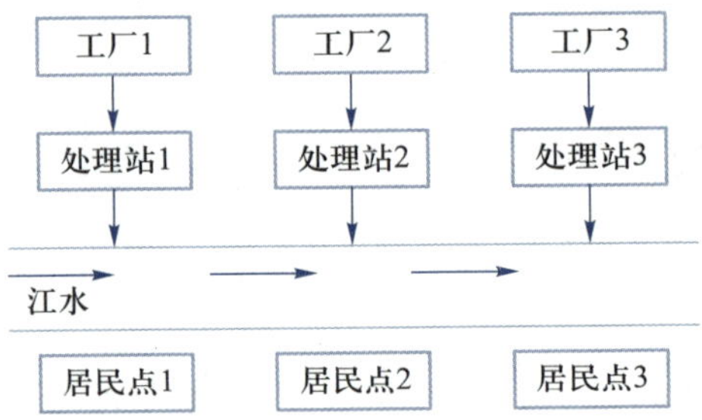

先建立一般情况下的数学模型，再求解以下具体问题：

设上游江水流量为 1 000×10^{12} L/min，污水质量浓度为 0.8 mg/L，3 个工厂的污水流量均为 5×10^{12} L/min，污水质量浓度(从上游到下游排列)(单位：mg/L)分别为 100，60，50，处理系数均为 1 万元/((10^{12} L/min)×(mg/L))，3 个工厂之间的两段江面的自净系数(从上游到下游)分别为0.9和0.6.国家标准规定水的污染浓度不能超过 1 mg/L.

(1) 为了使江面上所有地段的水污染达到国家标准，最少需要花费多少费用？

(2) 如果只要求 3 个居民点上游的水污染达到国家标准，最少需要花费多少费用[92]？

(提示：可以进行适当简化和近似，建立线性规划模型.)

7. 生产裸铜线和塑包线的工艺如下页图所示，某厂现有 Ⅰ 型拉丝机和塑包机各一台，生产两种规格的裸铜线和相应的两种塑包线，没有拉丝塑包联合机(简称联合机).由于市场需求扩大和现有塑包机设备陈旧，计划新增 Ⅱ 型拉丝机或联合机(由于场地限制，每种设备最多 1 台)，或改造塑包机，每种设备选用方案及相关数据如下页表：

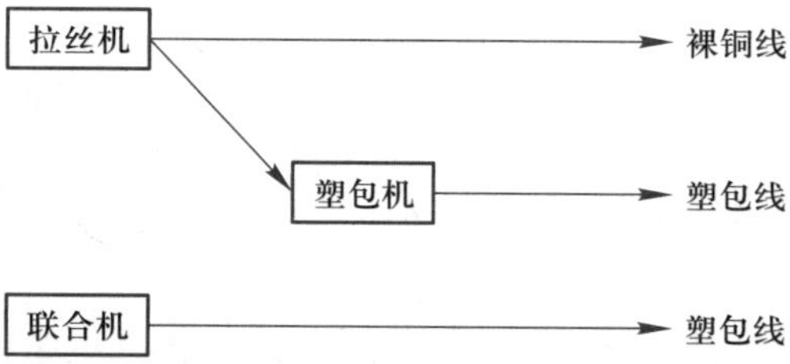

	拉丝机		塑包机		联合机
	原有Ⅰ型	新购Ⅱ型	原有	改造	新购
方案代号	1	2	3	4	5
所需投资/万元	0	20	0	10	50
每小时运行费用/元	5	7	8	8	12
每年固定费用/万元	3	5	8	10	14
规格 1 生产效率/($m\cdot h^{-1}$)	1 000	1 500	1 200	1 600	1 600
规格 2 生产效率/($m\cdot h^{-1}$)	800	1 400	1 000	1 300	1 200
废品率/%	2	2	3	3	3
废品损失/(元$\cdot km^{-1}$)	30	30	50	50	50

已知市场对两种规格裸铜线的需求分别为 3 000 km 和 2 000 km,对两种规格塑包线的需求分别为10 000 km和 8 000 km.按照规定,新购及改进设备按每年 5%提取折旧费,老设备不提;每台机器每年最多只能工作 8 000 h.为了满足需求,确定使总费用最小的设备选用方案和生产计划.[72]

8. 有 4 名同学到一家公司参加三个阶段的面试.公司要求每个同学都必须首先找公司秘书初试,然后到部门主管处复试,最后到经理处参加面试,并且不允许插队(即在任何一个阶段 4 名同学的顺序是一样的).由于 4 名同学的专业背景不同,所以每人在三个阶段的面试时间也不同,如下表所示(单位:min):

	秘书初试	主管复试	经理面试
同学甲	13	15	20
同学乙	10	20	18
同学丙	20	16	10
同学丁	8	10	15

这 4 名同学约定他们全部面试完以后一起离开公司.假定现在时间是早 8 : 00,问他们最早何时能离开公司?[72]

9. 在如下页图所示的电网中,需要从节点 1 传送 710 A 的电流到节点 4.当电流通过电网传送时,存在功率损失,而电流在传送时将“自然而然”地使总功率损失达到最小.请根据这种自然特性,确定流过各个电阻的电流,并与按照电路定律列出的代数方

程组的解比较.[78]

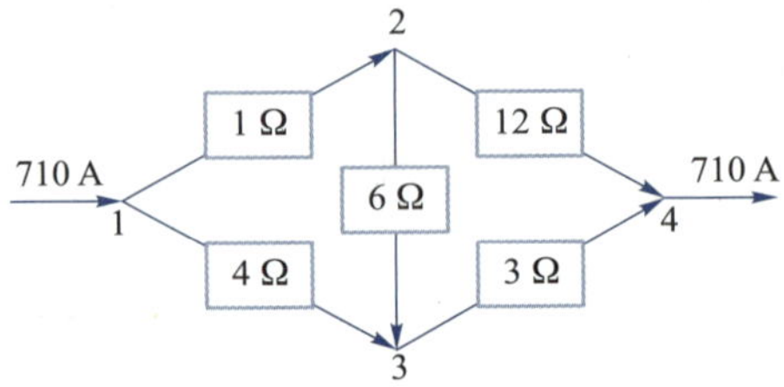

10. 某电子系统由 3 种元件组成,系统正常运转需要 3 种元件都正常工作.如一种或多种元件安装几个备用件,将提高元件的可靠性.系统运转的可靠性是各元件可靠性的乘积,而每一元件的可靠性是备用件数量的函数,具体数值如下表中 2~7 行所示.3 种元件的价格和质量如表中 8~9 行所示.已知全部备用件的预算限制为 150 元,质量限制为 20 kg,应如何安装备用件,可使系统运转的可靠性最大?[72]

		元件序号		
		1	2	3
备用件数	0	0.5	0.6	0.7
	1	0.6	0.75	0.9
	2	0.7	0.95	1.0
	3	0.8	1.0	1.0
	4	0.9	1.0	1.0
	5	1.0	1.0	1.0
价格/(元·件$^{-1}$)		20	30	40
质量/(kg·件$^{-1}$)		2	4	6

11. 某公司利用钢材和铝材作为原材料,生产两种产品(A 和 B).单件产品 A 需消耗钢材 6 kg,铝材 8 kg,劳动力 11 h,利润 5 000 元(不含工人加班费);单件产品 B 需消耗钢材12 kg,铝材 20 kg,劳动力 24 h,利润 11 000 元(不含工人加班费).该企业目前可提供钢材200 kg,铝材 300 kg,劳动力 300 h.如果要求工人加班,每小时加班费 100 元.请制订生产计划,最大化公司的利润和最小化工人加班时间.

12. 某银行营业部设立 3 个服务窗口,分别为个人业务、公司业务和特殊业务(如外汇和理财等).现有 3 名服务人员,每人处理不同业务的效率(每天服务的最大顾客数),以及每人处理不同业务的质量(如顾客的满意度)见下表.如何为服务人员安排相应的工作(服务窗口)?

最大顾客数

	个人业务	公司业务	特殊业务
员工 1	20	12	10
员工 2	12	15	9
员工 3	6	5	10

顾客满意度

	个人业务	公司业务	特殊业务
员工 1	6	8	10
员工 2	6	5	9
员工 3	9	10	8

13. 某农场有 3 万亩农田（1 亩 = 666.67 m^2），准备种植玉米、大豆和小麦 3 种农作物.每种作物每亩需施化肥分别为 0.12 t，0.20 t，0.15 t.预计秋后玉米每亩可收获 500 kg，售价为 1.2 元/kg；大豆每亩可收获 200 kg，售价为 6 元/kg；小麦每亩可收获 300 kg，售价为3.5 元/kg.农场年初规划时依次考虑以下几个方面：

（1） 年终总收益尽量不低于 1 650 万元.

（2） 总产量尽量不低于 1.25×10^4 t.

（3） 小麦产量以 0.5×10^4 t 为宜.

（4） 大豆产量尽量不低于 0.2×10^4 t.

（5） 玉米产量尽量不超过 0.6×10^4 t.

（6） 农场目前能提供 5 000 t 化肥；若不够，可额外购买，但希望额外购买量越少越好.请为该农场制订种植规划.[72]

习题参考解答

复习题

4.1 奶制品的生产与销售

用 x_1,x_2,x_3,x_4,x_5 分别表示 5 种食物的数量（决策变量），目标是总费用 z 最小，约束是满足对蛋白质、维生素 A 和钙的最小日需求量，模型为

$$
\begin{aligned}
\min\quad & z=10x_1+15x_2+5x_3+60x_4+8x_5 \\
\text{s.t.}\quad & 0.3x_1+1.2x_2+0.7x_3+3.5x_4+5.5x_5\geqslant 50 \\
& 73x_1+96x_2+20\ 253x_3+890x_4+279x_5\geqslant 4\ 000 \\
& 9.6x_1+7x_2+19x_3+57x_4+22x_5\geqslant 1\ 000 \\
& x_1,x_2,x_3,x_4,x_5\geqslant 0
\end{aligned}
$$

用 LINGO 计算得到最优解为 $x_3=49.382\ 7$（胡萝卜），$x_5=2.805\ 8$（鸡蛋），其余为 0，最优值（最小成本）为 $z=269.36$（角）.

（1） 由输出的 Lagrange 乘子可知，维生素 A 增加一个单位时不需要改变食谱，也不会增加成本.而蛋白质的需求提高 1 个单位（50 g 变为 51 g），成本将增加 0.471 4 角，钙的需求提高 1 个单位，成本将增加 0.245 8 角.

（2） 维生素 A 价格增加 1 角，不需要改变食谱，但成本会增加 49.382 7 角.

4.2 自来水输送与货机装运

记工地位置为(a_i,b_i),水泥日用量为d_i,$i=1,\cdots,6$;料场位置为(x_j,y_j),日储量为e_j,$j=1,2$(分别表示A,B);从料场j向工地i的运送量(决策变量)为c_{ij}.目标是总吨千米数最小,约束是满足各工地的日用量,以及各料场的运送量不超过日储量,模型为

$$\min f=\sum_{j=1}^{2}\sum_{i=1}^{6}c_{ij}\sqrt{(x_j-a_i)^2+(y_j-b_i)^2}$$

$$\text{s.t.}\quad \sum_{j=1}^{2}c_{ij}=d_i,\quad i=1,2,\cdots,6$$

$$\sum_{i=1}^{6}c_{ij}\leqslant e_j,\quad j=1,2$$

$$c_{ij}\geqslant 0$$

用 LINGO 求解得到的结果为:最小总吨千米数为136.2,运输方案如下.

工地 i	1	2	3	4	5	6
c_{i1}(料场 A)	3	5	0	7	0	1
c_{i2}(料场 B)	0	0	4	0	6	10

4.3 汽车生产与原油采购

1. 模型与4.2节复习题1相同,但决策变量增加料场位置(x_j,y_j),$j=1,2$.求解结果为

i	1	2	3	4	5	6	新料场位置(x_j,y_j)
c_{i1}	3	5	4	7	1	0	(5.695 9　4.928 5)
c_{i2}	0	0	0	0	5	11	(7.250 0　7.750 0)

总吨千米数为89.88,比使用原料场减少了46.32.但这并不是唯一的局部极小点,也不是全局极小点.如果选择其他初始值,可能得到另外的局部极小点.

如果把等式约束$\sum_{j=1}^{2}c_{ij}=d_i$,$i=1,2,\cdots,6$代入目标函数,从而降低问题的维数,可以得到等价的规划模型(只有10个决策变量,c_{i1}记作c_i):

$$\min\quad \sum_{i=1}^{6}\left\{c_i\sqrt{(x_1-a_i)^2+(y_1-b_i)^2}+(d_i-c_i)\sqrt{(x_2-a_i)^2+(y_2-b_i)^2}\right\}$$

$$\text{s.t.}\quad c_i\leqslant d_i,\quad i=1,2,\cdots,6$$

$$\sum_{i=1}^{6}c_i\leqslant e_1,\quad \sum_{i=1}^{6}(d_i-c_i)\leqslant e_2$$

重新求解可能得到更好的结果,请读者试一试.

2. 设y_1,z_1分别是产品A中来自混合池和原料丙的吨数,y_2,z_2分别是产品B中来

自混合池和原料丙的吨数;混合池中原料甲、乙、丁所占的比例分别为 x_1, x_2, x_4. 优化目标是总利润最大,约束条件为原料供应量、产品需求量及含硫量限制,模型为

$$\max\ (9-6x_1-16x_2-15x_4)\,y_1+(15-6x_1-16x_2-15x_4)\,y_2+(9-10)z_1+(15-10)z_2$$

$$\text{s.t.}\quad x_4(y_1+y_2)\leqslant 50$$

$$y_1+z_1\leqslant 100$$

$$y_2+z_2\leqslant 200$$

$$\frac{(3x_1+x_2+x_4)y_1+2z_1}{y_1+z_1}\leqslant 2.5$$

$$(3x_1+x_2+x_4-1.5)\,y_2+0.5\,z_2\leqslant 0$$

$$x_1+x_2+x_4=1$$

$$x_1,x_2,x_4,y_1,z_1,y_2,z_2\geqslant 0$$

用 LINGO 求解得到结果为:$x_2=x_4=0.5, y_2=z_2=100$, 其余为 0;目标函数值为 450.

4.4　接力队的选拔与选课策略

对 10 城市问题:工人 2 指派给城市 1,工人 7 指派给城市 2,工人 4 指派给城市 3,工人 9 指派给城市 4,工人 8 指派给城市 5,工人 5 指派给城市 6,工人 6 指派给城市 7,工人 3 指派给城市 8,工人 1 指派给城市 9,工人 10 指派给城市 10,每月最小通话费用 1 142元.

对 5 城市问题(前 5 人和前 5 个城市):第 1 人被派往城市 4,第 2 人被派往城市 1,第 3 人被派往城市 3,第 4 人被派往城市 5,第 5 人被派往城市 2. 每月最小通话费用 341 元.

4.5　饮料厂的生产与检修

设储蓄所每天雇佣的全时服务员中以 12：00—13：00 为午餐时间的有 x_1 名,以 13：00—14：00为午餐时间的有 x_2 名;半时服务员中从 9：00,10：00,11：00,12：00,13：00开始工作的分别为 y_1, y_2, y_3, y_4, y_5 名. 列出模型:

$$\min\quad 100x_1+100x_2+40y_1+40y_2+40y_3+40y_4+40y_5$$

$$\begin{aligned}\text{s.t.}\quad & x_1+x_2+y_1\geqslant 4\\ & x_1+x_2+y_1+y_2\geqslant 3\\ & x_1+x_2+y_1+y_2+y_3\geqslant 4\\ & x_2+y_1+y_2+y_3+y_4\geqslant 6\\ & x_1+y_2+y_3+y_4+y_5\geqslant 5\\ & x_1+x_2+y_3+y_4+y_5\geqslant 6\\ & x_1+x_2+y_4+y_5\geqslant 8\\ & x_1+x_2+y_5\geqslant 8\\ & y_1+y_2+y_3+y_4+y_5\leqslant 3\\ & x_1,\ x_2,\ y_1,\ y_2,\ y_3,\ y_4,\ y_5\geqslant 0\ \text{且为整数}\end{aligned}$$

求解得到最优解 $x_1=3, x_2=4, y_1=0, y_2=0, y_3=2, y_4=0, y_5=1$,最小费用为 820 元.

如果不能雇佣半时服务员,则最优解为 $x_1=5, x_2=6, y_1=0, y_2=0, y_3=0, y_4=0, y_5=$

0,最小费用为 1 100 元,即每天至少增加 1 100-820=280 元.

如果雇佣半时服务员的数量没有限制,则最优解为 $x_1=0,x_2=0,y_1=4,y_2=0,y_3=0,y_4=2,y_5=8$,最小费用为 560 元,即每天可以减少费用 820-560=260 元.

4.6 钢管和易拉罐下料

由于所有可能的切割模式很多,这里不采用枚举切割模式的方式建模,而是建立整数非线性规划模型.

记 $b=(290,315,350,455)$ 为 4 种产品的长度,$n=(15,28,21,30)$ 为 4 种产品的需求量.设第 i 种切割模式下每根原料钢管生产 4 种产品的数量分别为 $r_{1i},r_{2i},r_{3i},r_{4i}$,该模式使用 x_i 次,即使用该模式切割 x_i 根原料钢管($i=1,2,3,4$),且切割模式次序是按照使用频率从高到低排列的.

约束条件为

1) 产品数量:$\sum_{i=1}^{4} x_i r_{ji} \geqslant n_j \quad (j=1,2,3,4)$

2) 切割模式:引入 0-1 变量,$y_i=1$ 表示使用第 i 种模式,$y_i=0$ 表示不使用($i=1,2,3,4$),

$$1\ 750 y_i \leqslant \sum_{j=1}^{4} b_j r_{ji} \leqslant 1\ 850 y_i \qquad (i=1,2,3,4)$$

$$y_i \leqslant \sum_{j=1}^{4} r_{ji} \leqslant 5 y_i \qquad (i=1,2,3,4)$$

$$y_i \leqslant x_i \leqslant 30 y_i \qquad (i=1,2,3,4)$$

$$y_{i+1} \leqslant y_i \qquad (i=1,2,3)$$

$$x_{i+1} \leqslant x_i \qquad (i=1,2,3)$$

3) 为了减少搜索空间引入的约束:使用的原料钢管不可能少于 $\left[\sum_{j=1}^{4} b_j n_j/1\ 850\right]$;一根原料钢管最多生产 5 根产品,使用的原料钢管不可能少于 $\left[\sum_{j=1}^{4} n_j/5\right]$,所以

$$\sum_{i=1}^{4} x_i \geqslant \max\left(\left[\sum_{j=1}^{4} b_j n_j/1\ 850\right],\left[\sum_{j=1}^{4} n_j/5\right]\right)=19$$

优化目标为

$$\min \sum_{i=1}^{4} (x_i+0.1 \cdot i \cdot y_i)$$

用 LINGO 求解(x_i 和 r_{ji} 均为整数)得到:只使用 3 种切割模式,分别使用 9,7,3(次);每根原料钢管用第 1 种模式生产 4 种产品各 1,2,0,2(根),用第 2 种模式生产 4 种产品各 0,1,3,1(根),用第 3 种模式生产 4 种产品各 2,1,0,2(根);目标函数值为 19.6.

4.7 广告投入与升级调薪

(1) 由于总生产量小于总需求量(相差 100 个单位),可虚设工厂 4,生产量为 100 个单位,到各个用户间的运输单价为 0,建立运输问题的数学规划模型进行求解,可得

到运输方案如下表所示,总运费是 2 950 元.

用户	1	2	3	4	生产量
工厂 1		100	200		300
工厂 2	200				200
工厂 3			250	150	400
工厂 4				100	100
需求量	200	100	450	250	

(2) 注意到虚设的 100 单位实际上是不存在的,即用户 4 的需求不能全部满足,所以第一目标就不满足.下面按照目标的重要性的等级列出目标规划的约束和目标函数.设 x_{ij}为工厂 i 调配给用户 j 的运量.

(a) 供应约束:应严格满足, 即

$$\begin{cases}x_{11}+x_{12}+x_{13}+x_{14}\leqslant 300\\x_{21}+x_{22}+x_{23}+x_{24}\leqslant 200\\x_{31}+x_{32}+x_{33}+x_{34}\leqslant 400\end{cases}$$

(b) 供应用户 1 的产品中,工厂 3 的产品不少于 100 个单位, 即

$$x_{31}+d_1^- - d_1^+ = 100$$

(c) 需求约束:各用户的满足率不低于 80%, 即

$$\begin{cases}x_{11}+x_{21}+x_{31}+d_2^- - d_2^+ = 160\\x_{12}+x_{22}+x_{32}+d_3^- - d_3^+ = 80\\x_{13}+x_{23}+x_{33}+d_4^- - d_4^+ = 360\\x_{14}+x_{24}+x_{34}+d_5^- - d_5^+ = 200\end{cases}$$

且应尽量满足各用户的需求,即

$$\begin{cases}x_{11}+x_{21}+x_{31}+d_6^- - d_6^+ = 200\\x_{12}+x_{22}+x_{32}+d_7^- - d_7^+ = 100\\x_{13}+x_{23}+x_{33}+d_8^- - d_8^+ = 450\\x_{14}+x_{24}+x_{34}+d_9^- - d_9^+ = 250\end{cases}$$

(d) 新方案的总运费不超过(1)中方案运费 2 950 元的 10%,即

$$\sum_{i=1}^{3}\sum_{j=1}^{4} c_{ij}x_{ij}+d_{10}^- - d_{10}^+ = 3\ 245$$

(e) 工厂 2 到用户 4 的路线应尽量避免运输任务, 即

$$x_{24}+d_{11}^- - d_{11}^+ = 0$$

(f) 用户 1 和用户 3 的满足率应尽量保持平衡,即

$$(x_{11}+x_{21}+x_{31})-\frac{200}{450}(x_{13}+x_{23}+x_{33})+d_{12}^- - d_{12}^+ = 0$$

(g) 力求总运费最少, 即

$$\sum_{i=1}^{3}\sum_{j=1}^{4}c_{ij}x_{ij}+d_{13}^{-}-d_{13}^{+}=2\ 950$$

目标函数为

$$\begin{aligned}\min\quad z=&P_1d_9^-+P_2d_1^-+P_3(d_2^-+d_3^-+d_4^-+d_5^-)+\\&P_4(d_6^-+d_7^-+d_8^-+d_9^-)+P_5d_{10}^++P_6d_{11}^++\\&P_7(d_{12}^-+d_{12}^+)+P_8d_{13}^+\end{aligned}$$

计算结果如下表所示.总运费为 3 360 元,高于(1)中运费 410 元,超过其 10%的上限 115 元.

用户	1	2	3	4	生产量
工厂 1		100		200	300
工厂 2	90		110		200
工厂 3	100		250	50	400
实际运量	190	100	360	250	100
需求量	200	100	450	250	

4.8 投资的风险与收益

1. 假设仍设定 15%的收益率,结果为:投资 A,B,C 的比例分别为 57.58%,3.86%,38.56%,投资组合最小下半方差为 0.008 917.

一般来说,下半方差作为风险指标更合适.如果收益是对称分布,方差最小与下半方差最小等价.

2. (1) 当 M 较大时,这一近似处理后得到的结果与使用原约束得到的结果相同;但当 M 较小时,结果差异会较大.

(2) 引入 0-1 变量 y_i, $z_i(i=0,1,\cdots,n)$, 则 4.8 节中的约束(7)可以替换成

$$\begin{aligned}&c_i(x_i)=p_i(u_iy_i+x_iz_i)\\&x_i\leqslant M(y_i+z_i)\\&x_i-u_i\leqslant M(1-y_i)\\&u_i-x_i\leqslant M(1-z_i)\\&y_i+z_i\leqslant 1\\&y_i,z_i\in\{0,1\}.\end{aligned}$$

理由是:为了使交易费 $c_i(x_i)$ 尽量小,当 $x_i=0$ 时自然有 $y_i=z_i=0$;当 $0<x_i<u_i$ 时自然有 $y_i=1,z_i=0$;当 $x_i>u_i$ 时自然有 $y_i=0,z_i=1$.但由于其中第一个约束含有 x_iz_i 项,所以是一个非线性约束.

训练题

1. (1) 设投资证券 A, B, C, D, E 的金额分别为 x_1, x_2, x_3, x_4, x_5(百万元),按照规定、限制和 1 000 万元资金约束,列出模型

$$\begin{aligned}
\max\quad & 0.043x_1+0.027x_2+0.025x_3+0.022x_4+0.045x_5\\
\text{s.t.}\quad & x_2+x_3+x_4\geqslant 4\\
& x_1+x_2+x_3+x_4+x_5\leqslant 10\\
& \frac{2x_1+2x_2+x_3+x_4+5x_5}{x_1+x_2+x_3+x_4+x_5}\leqslant 1.4 \quad \text{即 } 6x_1+6x_2-4x_3-4x_4+36x_5\leqslant 0\\
& \frac{9x_1+15x_2+4x_3+3x_4+2x_5}{x_1+x_2+x_3+x_4+x_5}\leqslant 5 \quad \text{即 } 4x_1+10x_2-x_3-2x_4-3x_5\leqslant 0\\
& x_1,x_2,x_3,x_4,x_5\geqslant 0
\end{aligned}$$

用 LINGO 求解得到：证券 A,C,E 分别投资 2.182 百万元,7.364 百万元,0.454 百万元,最大税后收益为 0.298 百万元.

（2）由（1）的结果中影子价格可知,若资金增加 100 万元,收益可增加0.029 8百万元.大于以 2.75%的利率借到 100 万元资金的利息,所以应借贷.投资方案需将上面模型第 2 个约束右端改为 11,求解得到：证券 A, C, E 分别投资 2.40 百万元,8.10 百万元,0.50 百万元,最大税后收益为 0.300 7 百万元.

（3）由（1）的结果中目标函数系数的允许范围（最优解不变）可知,证券 A 的税前收益可增加 0.35%,故若证券 A 的税前收益增加为 4.5%,投资不应改变；证券 C 的税前收益可减少 0.112%（注意按 50%的税率纳税）,故若证券 C 的税前收益减少为 4.8%,投资应该改变.

2. 将大学生数量为 34,29,42,21,56,18,71 的区分别标号为 1,2,3,4,5,6,7 区,划出区与区之间的相邻关系图（图 1）.

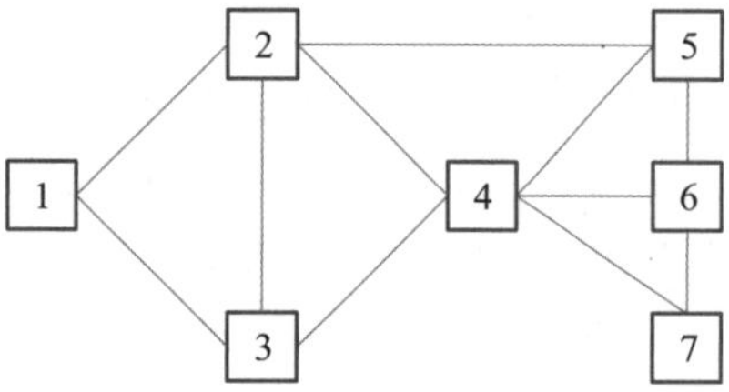

图 1

记 r_i 为第 i 区的大学生人数,用 0-1 变量,$x_{ij}=1$ 表示(i,j)区的大学生由一个销售代理点供应图书（$i<j$ 且 i,j 相邻）,否则 $x_{ij}=0$.建立该问题的整数线性规划模型

$$\begin{aligned}
\max\quad & \sum_{i,j\text{相邻}}(r_i+r_j)x_{ij}\\
\text{s.t.}\quad & \sum_{i,j}x_{ij}\leqslant 2\\
& \sum_j x_{ij}+\sum_j x_{ji}\leqslant 1, \qquad \forall i\\
& x_{ij}\in\{0,1\}
\end{aligned}$$

即

$$\begin{aligned}
\max\quad & 63x_{12}+76x_{13}+71x_{23}+50x_{24}+85x_{25}+63x_{34}+77x_{45}+39x_{46}+92x_{47}+74x_{56}+89x_{67}\\
\text{s.t.}\quad & x_{12}+x_{13}+x_{23}+x_{24}+x_{25}+x_{34}+x_{45}+x_{46}+x_{47}+x_{56}+x_{67}\leqslant 2\\
& x_{12}+x_{13}\leqslant 1\\
& x_{12}+x_{23}+x_{24}+x_{25}\leqslant 1\\
& x_{13}+x_{23}+x_{34}\leqslant 1\\
& x_{24}+x_{34}+x_{45}+x_{46}+x_{47}\leqslant 1\\
& x_{25}+x_{45}+x_{56}\leqslant 1\\
& x_{46}+x_{56}+x_{67}\leqslant 1
\end{aligned}$$

$$x_{47}+x_{67}\leqslant 1$$

$$x_{ij}=0 \text{ 或 } 1$$

用 LINGO 求解得到:最优解为 $x_{25}=x_{47}=1$(其他为 0),最优值为 177 人.

3.(1)设 4 个季度开始时公司新招聘的保姆数量分别为 x_1, x_2, x_3, x_4 人,4 个季度开始时保姆总数量分别为 S_1, S_2, S_3, S_4 人.以本年度付出的总报酬最少(即 4 个季度开始时保姆总数量之和最小)为目标,则模型为

$$\min \quad S_1+S_2+S_3+S_4$$

$$\begin{aligned}
\text{s.t.}\quad & 65S_1\geqslant 6\ 000+5x_1\\
& 65S_2\geqslant 7\ 500+5x_2\\
& 65S_3\geqslant 5\ 500+5x_3\\
& 65S_4\geqslant 9\ 000+5x_4\\
& S_1=120+x_1\\
& S_2=0.85S_1+x_2\\
& S_3=0.85S_2+x_3\\
& S_4=0.85S_3+x_4\\
& x_1, x_2, x_3, x_4, S_1, S_2, S_3, S_4\geqslant 0
\end{aligned}$$

用 LINGO 求解并对结果取整,4 个季度开始时公司新招聘的保姆数量分别为 0,15,0,59 人,目标函数值为 478.510 7.

上面的模型中没有要求 $x_1, x_2, x_3, x_4, S_1, S_2, S_3, S_4$ 为整数,是因为保姆数量较大,可以近似看作实数处理.此外,由于非整数因子 0.85 的影响,如果要求 $x_1, x_2, x_3, x_4, S_1, S_2, S_3, S_4$ 为整数,则可能使得新招聘的保姆数量远远超出实际需要的数量,从而难以找到合理的整数解.

由以上结果中约束的松弛(或剩余)的数据知道,春季和秋季需求的增加不影响招聘计划,可以分别增加 1 800 人·日和 936 人·日.

(2)设 4 个季度开始时公司新招聘的保姆数量分别为 x_1, x_2, x_3, x_4 人,4 个季度结束时解雇的保姆数量分别为 y_1, y_2, y_3, y_4 人,4 个季度开始时保姆总数量分别为 S_1, S_2, S_3, S_4 人.以本年度付出的总报酬最少(即 4 个季度开始时保姆总数量之和最小)为目标,则模型为

$$\min \quad S_1+S_2+S_3+S_4$$

$$\begin{aligned}
\text{s.t.}\quad & 65S_1\geqslant 6\ 000+5x_1\\
& 65S_2\geqslant 7\ 500+5x_2\\
& 65S_3\geqslant 5\ 500+5x_3\\
& 65S_4\geqslant 9\ 000+5x_4\\
& S_1=120+x_1\\
& S_2=0.85S_1+x_2-y_1\\
& S_3=0.85S_2+x_3-y_2\\
& S_4=0.85S_3+x_4-y_3\\
& x_1, x_2, x_3, x_4, y_1, y_2, y_3, S_1, S_2, S_3, S_4\geqslant 0
\end{aligned}$$

用 LINGO 求解并对结果取整得到,第二个季度开始时公司新招聘 15 人,第二个季

度结束时解雇 15 人；第四个季度开始时新招聘 72 人.目标函数值为 465. 121 8，比不允许解雇时的数值略有减少.

4. 因为执行飞行任务及执行飞行任务后休假的熟练飞行员数量是常数，所以这部分费用(报酬)是固定的，在优化目标中可以不考虑.

设 4 个月开始时甲方新购买的飞机数量分别为 x_1, x_2, x_3, x_4 架，闲置的飞机数量分别为 y_1, y_2, y_3, y_4 架.4 个月中，飞行员中教练和新飞行员数量分别为 u_1, u_2, u_3, u_4 人，闲置的熟练飞行员数量分别为 v_1, v_2, v_3, v_4 人.

优化目标是

$$\min\quad 200x_1+195x_2+190x_3+185x_4+10u_1+9.9u_2+9.8u_3+9.7u_4+7v_1+6.9v_2+6.8v_3+6.7v_4$$

需要考虑的约束包括

1）飞机数量限制：4 个月中执行飞行任务的飞机分别为 100，150，150，200 架，但只有 80，120，120，160 架能够返回供下个月使用.

第 1 个月：$100+y_1=110$

第 2 个月：$150+y_2=80+y_1+x_1$

第 3 个月：$150+y_3=120+y_2+x_2$

第 4 个月：$200+y_4=120+y_3+x_3$

2）飞行员数量限制：4 个月中执行飞行任务的熟练飞行员分别为 300，450，450，600 人，但只有 240，360，360，480 人能够返回(下个月一定休假).

第 1 个月：$300+0.05u_1+v_1=330$

第 2 个月：$450+0.05u_2+v_2=u_1+v_1$

第 3 个月：$450+0.05u_3+v_3=u_2+v_2+240$

第 4 个月：$600+0.05u_4+v_4=u_3+v_3+360$

于是，优化模型为

$$\min\quad 200x_1+195x_2+190x_3+185x_4+10u_1+9.9u_2+9.8u_3+9.7u_4+7v_1+6.9v_2+6.8v_3+6.7v_4$$

$$\begin{aligned}
\text{s.t.}\quad & y_1=10\\
& y_1+x_1-y_2=70\\
& y_2+x_2-y_3=30\\
& y_3+x_3-y_4=80\\
& 0.05u_1+v_1=30\\
& u_1+v_1-0.05u_2-v_2=450\\
& u_2+v_2-0.05u_3-v_3=210\\
& u_3+v_3-0.05u_4-v_4=240\\
& x_1,x_2,x_3,x_4,y_1,y_2,y_3,y_4,u_1,u_2,u_3,u_4,v_1,v_2,v_3,v_4\geqslant 0 \text{ 且为整数}
\end{aligned}$$

用 LINGO 求解得到：最优解为 $x_1=60, x_2=30, x_3=80, x_4=0, y_1=10, y_2=y_3=y_4=0, u_1=460, u_2=220, u_3=240, u_4=0, v_1=7, v_2=6, v_3=4, v_4=4$；目标函数值为 42 324. 40.

如果每名熟练飞行员可以作为教练，每个月指导不超过 20 名飞行员(不包括他自己在内)进行训练，则应将教练与新飞行员分开：

设 4 个月飞行员中教练数量为 u_1,u_2,u_3,u_4 人,新飞行员数量分别为 w_1,w_2,w_3,w_4 人,其他符号不变. 飞行员的数量限制约束为

第 1 个月:$300+u_1+v_1=330$

第 2 个月:$450+u_2+v_2=u_1+v_1+w_1,w_1\leqslant 20u_1$

第 3 个月:$450+u_3+v_3=u_2+v_2+240+w_2,w_2\leqslant 20u_2$

第 4 个月:$600+u_4+v_4=u_3+v_3+360+w_3,w_3\leqslant 20u_3$

优化模型作相应修改,用 LINGO 求解得到:最优解为 $u_1=22,u_2=11,u_3=12,u_4=0,v_1=8,v_2=v_3=v_4=0,w_1=431,w_2=211,w_3=228,w_4=0$($x_1\sim x_4,y_1\sim y_4$ 不变);目标函数值为 42 185. 80.

5. 假设水源流入水量是在每个月开始发生的,根据题中的数据,水库中的水应允许不发电而直接放走.

设 $x_{A1},x_{A2},x_{B1},x_{B2}$分别为本月和下月水库 A,B 供应电站 A,B 发电的水量,$y_{A1},y_{A2},y_{B1},y_{B2}$分别为本月和下月从水库 A,B 直接放走的水量,$z_{A1},z_{A2},z_{B1},z_{B2}$分别为本月和下月结束时水库 A,B 的蓄水量. 用 u_1,u_2 分别表示本月和下月以高价(200 元/千度)售出的电量,v_1,v_2 分别表示本月和下月以低价(140 元/千度)售出的电量.

优化目标为

$$\max \quad 200(u_1+u_2)+140(v_1+v_2)$$

约束条件有

1) 每个月的发电量等于当月卖出的电量:

$$400x_{A1}+200x_{B1}=u_1+v_1,400x_{A2}+200x_{B2}=u_2+v_2$$

2) 水量守恒约束:

$$x_{A1}+y_{A1}+z_{A1}=1\ 900+200,x_{B1}+y_{B1}+z_{B1}=850+40+x_{A1}+y_{A1}$$

$$x_{A2}+y_{A2}+z_{A2}=z_{A1}+130,x_{B2}+y_{B2}+z_{B2}=z_{B1}+15+x_{A2}+y_{A2}$$

3) 发电能力限制:

$$400x_{A1}\leqslant 60\ 000,\ 400x_{A2}\leqslant 60\ 000$$

$$200x_{B1}\leqslant 35\ 000,\ 200x_{B2}\leqslant 35\ 000$$

4) 水库蓄水量限制:

$$1\ 200\leqslant z_{A1}\leqslant 2\ 000,\quad 1\ 200\leqslant z_{A2}\leqslant 2\ 000$$

$$800\leqslant z_{B1}\leqslant 1\ 500,\quad 800\leqslant z_{B2}\leqslant 1\ 500$$

5) 高价电量的限制:

$$u_1\leqslant 50\ 000,\quad u_2\leqslant 50\ 000$$

注意到总发电量中尽量以高价卖出,以上约束可以保证只有 $u_1=50\ 000$ 时才可能有 $v_1>0$,只有 $u_2=50\ 000$ 时才可能有 $v_2>0$.

用 LINGO 求解得到最优解为:

水库 A 供应电站 A 发电的水量本月和下月均为 $150\times10^4\ m^3$,水库 B 供应电站 B 发电的水量本月和下月分别为 $175\times10^4\ m^3$ 和 $895\times10^4\ m^3$;本月和下月以高价售出的电量均为 50 000 千度,本月和下月以低价售出的电量分别为 45 000 和189 000千度;总收入 5.276×10^7 元.

6. 设有 n 个工厂和 n 个污水处理站,以处理站出口向上游划分江面,如图 2.记第 k

段江面的流量和污水质量浓度分别为 Q_k 和 C_k，工厂 k 和处理站 k 流出的污水流量相同，均为 ΔQ_k，而污水质量浓度分别为 u_k, v_k，处理站 k 的处理系数为 r_k，第 k 段江面的自净系数为 b_k. 通常 ΔQ_k 远小于 Q_k，当没有其他水源入江时，可视 Q_k 为常数 Q，国家标准规定的水的污染质量浓度为 C_0.

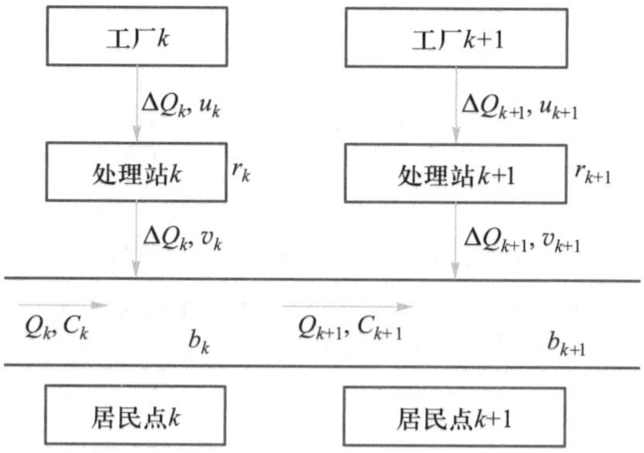

图 2

以上参数中 $Q, C_0, C_1, \Delta Q_k, u_k, r_k, b_k$ 已知，v_k 为决策变量.

在 Q_k 简化为常数 Q 的情况下，处理站 k 的污水与江水混合后的污水质量浓度为 $D_k = C_k + \dfrac{\Delta Q_k}{Q} v_k$，第 k 段江面自净后的污水质量浓度为 $C_{k+1} = b_k D_k$，处理站 k 的处理费用为 $r_k \Delta Q_k (u_k - v_k)$，于是在江面上所有地段的水污染达到国家标准的条件下，使总费用最小的模型为

$$
\begin{aligned}
\min \quad & T = \sum_{k=1}^{n} r_k \Delta Q_k (u_k - v_k) \\
\text{s.t.} \quad & D_k = C_k + \frac{\Delta Q_k}{Q} v_k \\
& C_{k+1} = b_k D_k \\
& D_k \leqslant C_0 \\
& v_k \leqslant u_k
\end{aligned}
$$

对于具体问题，$Q = 1\ 000 \times 10^{12}$ L/min，$C_1 = 0.8$ mg/L，$C_0 = 1$ mg/L，$\Delta Q_1 = \Delta Q_2 = \Delta Q_3 = 5 \times 10^{12}$ L/min，$u_1 = 100$ mg/L，$u_2 = 60$ mg/L，$u_3 = 50$ mg/L，$r_1 = r_2 = r_3 = 1$ 万元/(((10^{12} L/min)×(mg/L))，$b_1 = 0.9$，$b_2 = 0.6$.

（1）按照上面的模型，用 LINGO 求解得到结果为：$v_1 = 40$，$v_2 = 20$，$v_3 = 50$(mg/L)，即工厂 3 无须处理污水；最小总费用为 500 万元.

（2）只需要将上面模型中的 $D_k \leqslant C_0$ 改为 $C_k \leqslant C_0$，用 LINGO 求解得到结果为：$v_1 = 62.2$ mg/L，$v_2 = 60$ mg/L，$v_3 = 50$ mg/L，即工厂 2，3 均无须处理污水；最小总费用为 189 万元.

（若不将 Q_k 简化为常数 Q，得到的结果略有不同.）

7. 用 M_i 表示第 i 种方案机器的数目（0-1 变量），x_{ij} 表示第 i 种方案机器用于生产第 j 种规格线材的时间（单位：千小时）（$i = 1,2,3,4,5$；$j = 1,2$）.

费用(均以千元为单位)包括:新购及改进设备年折旧费($0.05K$)、设备年固定费用(F)、年运行费用(R)、废品损失(L),其中:

$K=200M_2+100M_4+500M_5$

$F=30M_1+50M_2+80M_3+100M_4+140M_5$

$R=5(x_{11}+x_{12})+7(x_{21}+x_{22})+8(x_{31}+x_{32})+8(x_{41}+x_{42})+12(x_{51}+x_{52})$

设备 1 的年废品损失为 $0.030\times0.02\times(1\ 000x_{11}+800x_{12})=0.6x_{11}+0.48x_{12}$,类似地有

$L=0.6x_{11}+0.48x_{12}+0.9x_{21}+0.84x_{22}+1.8x_{31}+1.5x_{32}+2.4x_{41}+1.95x_{42}+2.4x_{51}+1.8x_{52}$

优化目标是

$$\begin{aligned}\min\quad 0.05K+F+R+L=&30M_1+60M_2+80M_3+105M_4+165M_5+5.6x_{11}+5.48x_{12}+\\&7.9x_{21}+7.84x_{22}+9.8x_{31}+9.5x_{32}+10.4x_{41}+9.95x_{42}+14.4x_{51}+13.8x_{52}\end{aligned}$$

约束条件有

1) 满足需求:裸铜线不仅直接供应市场,还可以作为半成品供塑包机生产塑包线,所以裸铜线(规格 1)的需求量为 $3\ 000+1\ 200x_{31}+1\ 600x_{41}$.裸铜线(规格 1)由Ⅰ型和Ⅱ型拉丝机生产,考虑到废品损失,应有 $0.98\times(1\ 000x_{11}+1\ 500x_{21})\geqslant 3\ 000+1\ 200x_{31}+1\ 600x_{41}$,即

$$980x_{11}+1\ 470x_{21}-1\ 200x_{31}-1\ 600x_{41}\geqslant 3\ 000$$

同理有

$$784x_{12}+1\ 372x_{22}-1\ 000x_{32}-1\ 300x_{42}\geqslant 2\ 000$$
$$1\ 164x_{31}+1\ 552x_{41}+1\ 552x_{51}\geqslant 10\ 000$$
$$970x_{32}+1\ 261x_{42}+1\ 164x_{52}\geqslant 8\ 000$$

2) 机器生产能力的限制:每台机器每年最多只能工作 8 000 小时,即

$$x_{i1}+x_{i2}\leqslant 8M_i\quad(i=1,2,3,4,5)$$

3) 现有生产设备数量的限制:

$$M_1=1$$
$$M_3+M_4=1$$

4) 变量范围的限制:M_i 为 0-1 变量,x_{ij}非负.

用LINGO 求解得到:需要新购Ⅱ型拉丝机和联合机各 1 台,不需要改造塑包机设备;相应的任务分配可以从 x_{ij}的数值得到;总费用为 574 千元.

8. 记 t_{ij}为第 i 名同学参加第 j 阶段面试需要的时间(已知),令 x_{ij}表示第 i 名同学参加第 j 阶段面试的开始时刻(不妨记早上 8:00 面试开始为 0 时刻)($i=1,2,3,4;j=1,2,3$).

优化目标为 min　$T=\max\limits_i\{x_{i3}+t_{i3}\}$.

约束条件:

1) 时间先后次序约束(每人只有参加完前一个阶段的面试后才能进入下一个阶段):

$$x_{ij}+t_{ij}\leqslant x_{i,j+1}\qquad(i=1,2,3,4;j=1,2)$$

2) 每个阶段 j 同一时间只能面试 1 名同学:用 0-1 变量 y_{ik}表示第 k 名同学是否排在第 i 名同学前面(1 表示是,0 表示否),则

$$x_{ij}+t_{ij}-x_{kj}\leqslant Ty_{ik}\qquad(i,k=1,2,3;j=1,2,3;i<k)$$

$$x_{kj}+t_{kj}-x_{ij} \leqslant T(1-y_{ik}) \qquad (i,k=1,2,3;j=1,2,3;i<k)$$

将目标函数改写为

$$\begin{aligned} \min \quad & T \\ \text{s.t.} \quad & T \geqslant x_{13}+t_{13} \\ & T \geqslant x_{23}+t_{23} \\ & T \geqslant x_{33}+t_{33} \\ & T \geqslant x_{43}+t_{43} \end{aligned}$$

加上约束条件 1),2),用 LINGO 求解得到:所有面试完成至少需要 84 分钟.面试顺序为 4-1-2-3(丁-甲-乙-丙).

9. 按 1 Ω, 4 Ω, 6 Ω, 12 Ω, 3 Ω 的顺序流过的电流是 371.384 6 A,338.615 4 A,163.846 2 A,207.538 5 A,502.461 5 A,总功率为 2.031 9×10^3 kW.

10. 用 x_i 表示安装元件 i 的备用件数量($i=1,2,3$),0-1 变量 $y_j(j=0,1,\cdots,5)$ 表示元件 1 分别使用 0,1,…,5 个备用件,$z_j(j=0,1,2,3)$ 表示元件 2 分别使用 0,1,2, 3 个备用件, $u_j(j=0,1,2)$ 表示元件 3 分别使用 0,1,2 个备用件.元件 1,2,3 分别最多只安装 5,3,2 个备用件.模型为

$$\begin{aligned} \max \quad & R=(0.5y_0+0.6y_1+0.7y_2+0.8y_3+0.9y_4+y_5)\times \\ & \quad (0.6z_0+0.75z_1+0.95z_2+z_3)\times(0.7u_0+0.9u_1+u_2) \\ \text{s.t.} \quad & 20x_1+30x_2+40x_3 \leqslant 150 \\ & 2x_1+4x_2+6x_3 \leqslant 20 \\ & \sum_{j=0}^{5} y_j = 1 \\ & x_1 \geqslant jy_j \quad (j=0,1,\cdots,5) \\ & \sum_{j=0}^{3} z_j = 1 \\ & x_2 \geqslant jz_j \quad (j=0,1,2,3) \\ & \sum_{j=0}^{2} u_j = 1 \\ & x_3 \geqslant ju_j \quad (j=0,1,2) \\ & y_j, z_j, u_j = 0,1 \end{aligned}$$

求解结果:元件 1,2,3 的备用件数量为 4,1,1,系统可靠性为 0.607 5.

11. 设产品 A,B 的生产数量分别为 x_1,x_2,公司的利润为 V,工人加班时间为 T,多目标规划模型为

$$\begin{aligned} \max \quad & z=(V,-T) \\ \text{s.t.} \quad & V=5\,000x_1+11\,000x_2-100T \\ & 6x_1+12x_2 \leqslant 200 \\ & 8x_1+20x_2 \leqslant 300 \\ & 11x_1+24x_2 \leqslant 300+T \\ & x_1,x_2,T \geqslant 0 \end{aligned}$$

12. 用变量 x_{ij} 表示是否安排员工 i 从事第 j 项业务(个人、公司、特殊业务),$i,j=1,2,3$.第 1 个表中数据记为 a_{ij},第 2 个表中数据记为 b_{ij},多目标规划模型为

$$\max z = (z_1, z_2)$$

$$\text{s.t.} \quad z_1 = \sum_{i,j=1}^{3} a_{ij} x_{ij}$$

$$z_2 = \sum_{i,j=1}^{3} b_{ij} x_{ij}$$

$$x_{ij} = 0, 1$$

13. 设玉米、大豆和小麦三种农作物种植的亩数分别为 x_1, x_2, x_3，目标规划模型为

$$\min z = P_1 d_1^- + P_2 d_2^- + P_3(d_3^- + d_3^+) + P_4 d_4^+ + P_5 d_5^+ + P_6 d_6^+$$

$$\begin{aligned}
\text{s.t.} \quad & x_1 + x_2 + x_3 \leqslant 30\ 000 \\
& 600x_1 + 1\ 200x_2 + 1\ 050x_3 + d_1^- - d_1^+ = 16\ 500\ 000 \\
& 500x_1 + 200x_2 + 300x_3 + d_2^- - d_2^+ = 12\ 500\ 000 \\
& 300x_3 + d_3^- - d_3^+ = 5\ 000\ 000 \\
& 200x_2 + d_4^- - d_4^+ = 2\ 000\ 000 \\
& 500x_1 + d_5^- - d_5^+ = 6\ 000\ 000 \\
& 0.12x_1 + 0.2x_2 + 0.15x_3 + d_6^- - d_6^+ = 5\ 000 \\
& x_1, x_2, x_3 \geqslant 0;\ d_i^-, d_i^+ \geqslant 0,\ i = 1, 2, 3, 4, 5, 6
\end{aligned}$$

第 5 章　微分方程模型

复习题

5.1　人口增长

1. 利用(1)式解释,若经过 n 年人口翻了一番,则这期间人口的年平均增长率约为 $(70/n)\%$. 由教材中图 1(b)中国人口从 1950 年到 1987 年约翻了一番,估计这期间人口的年平均增长率.

2. 解释人口预测公式 $x_k=x_0(1+r)^k$ 是指数增长模型 $x(t)=x_0\mathrm{e}^{rt}$ 的离散近似形式.

3. 求解 logistic 方程(8),验证其解为(9)式,设定几组参数 r,x_0,x_m,用软件编程画出解的曲线,分析 r 和 x_m 的变化对曲线的影响.

4. 写出 logistic 曲线 $x(t)$ 出现拐点时刻的表达式,分析这个时刻与参数 r,x_0,x_m 的关系.按照本节用两种方法估计的参数计算美国人口增长曲线的拐点出现在哪一年?

5. 求解 logistic 方程(8),将 t 表示为 x 的函数.说明 logistic 有 log-like(像对数)的含义(参考拓展阅读 5—1logistic 方程的发展进程).

5.2　药物中毒急救

1. 利用药物中毒施救模型确定对于孩子(血液总量为 2 000 mL)及成人(血液总量为 4 000 mL)服用氨茶碱能引起严重中毒和致命的最小剂量.

2. 如果采用的是体外血液透析的办法,求解药物中毒施救模型的血液中药量的变化规律并作图.

5.3　捕鱼业的持续收获

1. 如果渔场鱼量的自然增长仍服从 logistic 方程,而单位时间捕捞量为常数 h.

(1) 分别就 $h>rN/4$, $h<rN/4$, $h=rN/4$ 这 3 种情况讨论渔场鱼量方程的平衡点及其稳定状况.

(2) 如何获得最大持续产量,其结果与本节的产量模型有何不同?

2. 与 logistic 模型不同的另一种描述种群增长规律的是 Gompertz 模型: $\dot{x}(t)=rx\ln\dfrac{N}{x}$,其中 r 和 N 的意义与 logistic 模型相同.设渔场鱼量的自然增长服从这个模型,且单位时间捕捞量为 $h=Ex$.讨论渔场鱼量的平衡点及其稳定性,求最大持续产量 h_m 及获得最大产量的捕捞强度 E_m 和渔场鱼量水平 x_0^*.

5.4　传染病模型与新型冠状病毒感染的传播

1. 对于以下参数和初始值画出 SIR 模型的相轨线 $i(s)$,与图 4 的 $i_{\max}$, s_∞ 进行比较并作解释:(1) $\sigma=2, s_0=0.7, i_0=0.3$;(2) $\sigma=1, s_0=0.99, i_0=0.01$.

2. 如果估计 $\sigma=5$,需要至少多大比例的健康者接种疫苗,才能做到群体免疫?

3. 对以下情况分析并解释 $i_{\max}$ 的变化:(1) s_0,i_0 固定,σ 变大;(2) σ,i_0 固定,s_0 变小.

4. 对以下情况分析并解释 r_∞ 的变化:(1) s_0,i_0 固定,σ 变大;(2) σ,i_0 固定,s_0 变小.

5. 设 $\lambda=2,\mu=1,s_0=0.99,i_0=0.01$,计算 SIR 模型的数值解,画出 $s(t),i(t),r(t)$ 的图形,与图 3 比较($\sigma=2$ 不变)找出不同点,并作解释.

6. 对 SEIR 模型设置不同的参数和初始值,计算 $s(t),e(t),i(t),r(t)$ 数值解并作图,观察、分析模型参数对结果(特别是 $e_{\max},i_{\max},t_e,t_i,r_\infty$,其中 t_e,t_i 分别是 $e=e_{\max},i=i_{\max}$ 的时刻)的影响.

7. 作 SVEIRD 模型结构图,并写出 $s(t),v(t),e(t),i(t),r(t),d(t)$ 满足的方程.

5.5 香烟过滤嘴的作用

在香烟过滤嘴模型中,

(1) 设 $M=800$ mg,$l_1=80$ mm,$l_2=20$ mm,$b=0.02\ \text{s}^{-1}$,$\beta=0.08\ \text{s}^{-1}$,$v=50$ mm/s,$a=0.3$,求 Q 和 Q_1/Q_2.

(2) 若有一支不带过滤嘴的香烟,参数同上.比较全部吸完和只吸到 l_1 处的情况下,进入人体毒物量的区别.

5.6 火箭发射升空

在考虑空气阻力的火箭发射模型中,如果将燃料燃烧速率 r 提高一倍,而喷出气体速度 u 保持不变,在以下两种情况下讨论对于提高火箭高度的影响:

(1) 燃料质量 m_1 不变,燃料燃尽时间 t_1 减半.

(2) 燃料质量 m_1 也增加一倍,燃料燃尽时间 t_1 不变.

5.7 食饵与捕食者模型

1. 在食饵-捕食者系统中,如果在食饵方程(1)中增加自身阻滞作用的 logistic 项,方程(2)不变,讨论平衡点及稳定性,解释其意义.

2. 如果在食饵和捕食者方程中都增加 logistic 项,即方程(16)(17),讨论平衡点及稳定性.

5.8 赛跑的速度

经研究发现在短跑比赛中,运动员由于生理条件的限制,在达到一定的高速度后,不可能持续发挥自己的最大冲力.假设运动员克服生理限制后能发挥的冲力 $f(t)$ 满足 $\dot{f}(t)/f(t)=-1/k$,其中 k 是冲力限制系数,$f(0)=F$ 为最大冲力.将上述关系代入(2)式,求出短跑比赛时速度 $v(t)$ 和距离 $s(t)$ 的关系式,及达到最高速度的时间,并做出 $v(t)$ 的示意图.

某届奥运会,男子百米决赛前 6 名在比赛中到达距离 s 处所用的时间 t 和当时的速度 v 如下表所示(平均值):

s/m	0	5	15	25	35	45	55	65	75	85	95
t/s	0	0.955	2.435	3.435	4.355	5.230	6.085	6.945	7.815	8.690	9.575
$v/(\mathrm{m\cdot s^{-1}})$	0	5.24	9.54	10.52	11.19	11.62	11.76	11.49	11.47	11.36	11.22

试从这组数据估计出参数 τ,k,F.算出 $v(t)$ 的理论值,并与实际数据比较.

5.9　物质扩散与热量传导

1. 验证(13)式是方程(11)的解.

2. 推导(18)式.

3. 推导(34)式,分别对级数的首项及第 1,2 项,以逐渐变大的 t 为参数作 $u(x,t)$ 的图形,观察 $u(x,t)$ 趋向 N 的形态.

5.10　高温作业专用服装设计

1. 推导(14)式.

2. 求解赛题问题(2).

3. 求解赛题问题(3).

训练题

1. 为治理湖水的污染,引入一条较清洁的河水,河水与湖水混合后又以同样的流量由另一条河排出.设湖水容积为 V,河水单位时间流量为 Q,河水的污染浓度为常数 c_h,湖水的初始污染浓度为 c_0.

(1) 建立湖水污染浓度 c 随时间 t 变化的微分方程,并求解.

(2) 若测量出引入河水 10 天后湖水的污染浓度 0.9 g/m^3,40 天后湖水的污染浓度 0.5 g/m^3,且河水的污染浓度 $c_h=0.1$ g/m^3,问引入河水后多少天,湖水的污染浓度可以降到标准值0.2 g/m^3.

(3) 若由于水的蒸发等原因湖水容积每天减少 b,湖水污染浓度如何变化?

2. 凌晨某地发生一起凶杀案，警方于早晨 6:00 到达现场，测得尸温 26 ℃，室温 10℃.早晨 8:00,又测得尸温 18 ℃.

(1) 若近似认为室温不变，估计凶杀案发生的时间.

(2) 若早晨 8:00 室温升至 12 ℃，如何处理这个问题.

3. 对于技术革新的推广,在下列几种情况下分别建立模型:

(1) 推广工作通过已经采用新技术的人进行,推广速度与已采用新技术的人数成正比,推广是无限的.

(2) 总人数有限,因而推广速度还会随着尚未采用新技术的人的人数的减少而降低.

(3) 在(2)的前提下考虑广告等媒介的传播作用[12,41].

4. 人工肾是帮助人体从血液中带走废物的装置,它通过一层薄膜与需要带走废物的血管相通,如下图.人工肾中通以某种液体,其流动方向与血液在血管中的流动方向相反,血液中的废物透过薄膜进入人工肾.

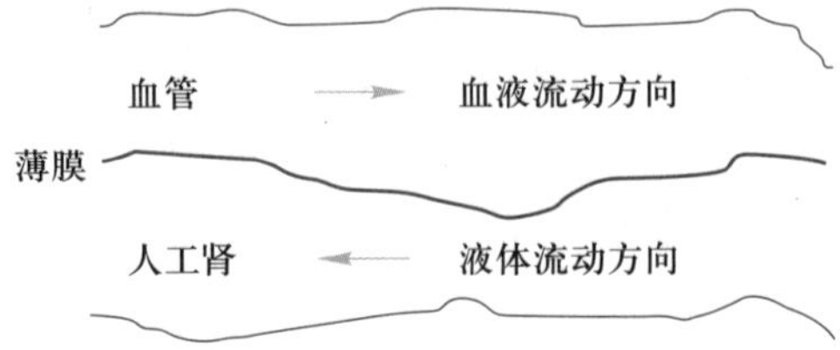

设血液和人工肾中液体的流速均为常数,废物进入人工肾的数量与它在这两种液体中的浓度差成正比,人工肾总长 l.建立单位时间内人工肾带走废物数量的模型[12].

5. 在鱼塘中投放 n_0 尾鱼苗,随着时间的增长,尾数将减少而每尾的质量将增加.

(1) 设尾数 $n(t)$ 的(相对)减少率为常数;由于喂养引起的每尾鱼质量的增加率与鱼表面积成正比,由于消耗引起的每尾鱼质量的减少率与质量本身成正比.分别建立尾数和每尾鱼质量的微分方程,并求解.

(2) 用控制网眼的办法不捕小鱼,到时刻 T 才开始捕捞,捕捞能力用尾数的相对减少量 $|\dot{n}/n|$ 表示,记作 E,即单位时间捕获量是 $En(t)$.问如何选择 T 和 E,使从 T 开始的捕获量最大[12].

6. 侦察机搜索潜艇.设 $t=0$ 时艇在 O 点,飞机在 A 点,$OA=6$ n mile(1 n mile = 1.852 km).此时艇潜入水中并沿着飞机不知道的某一方向以直线形式逃去,艇速 20 n mile/h.飞机以速度 40 n mile/h 按照待定的航线搜索潜艇,当且仅当飞到艇的正上方时才可发现它.

(1) 以 O 为原点建立极坐标系 (r,θ),A 点位于 $\theta=0$ 的向径上,见下图.分析图中由 P,Q,R 组成的小三角形,证明在有限时间内飞机一定可以搜索到潜艇的航线,是先从 A 点沿直线飞到某点 P_0,再从 P_0 沿一条对数螺线飞行一周,而 P_0 是一个圆周上的任一点.给出对数螺线的表达式,并画出一条航线的示意图.

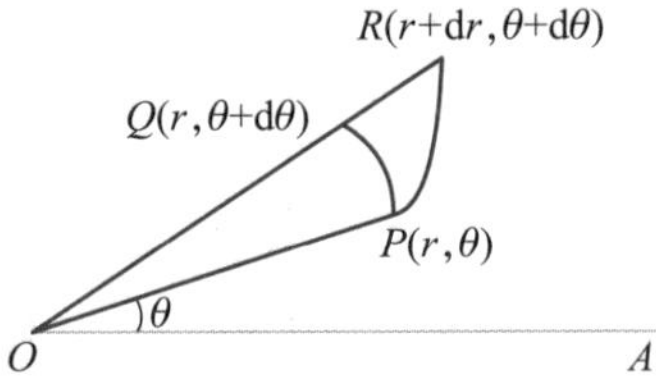

(2) 为了使整条航线是光滑的,直线段应与对数螺线在 P_0 点相切.找出这条光滑的航线.

(3) 在所有一定可以发现潜艇的航线中哪一条航线最短,长度是多少?光滑航线的长度又是多少[42]?

7. 建立肿瘤生长模型.通过大量医疗实践发现,肿瘤细胞的生长有以下现象:1) 当肿瘤细胞数目超过 10^{11} 时才是临床可观察的;2) 在肿瘤生长初期,几乎每经过一定时间肿瘤细胞就增加一倍;3) 由于各种生理条件限制,在肿瘤生长后期肿瘤细胞数目趋向某个稳定值.

(1) 比较 logistic 模型与 Gompertz 模型:$\dfrac{dn}{dt}=-\lambda n\ln\dfrac{n}{N}$,其中 $n(t)$ 是细胞数,N 是极限值,λ 是参数.

(2) 说明上述两个模型是 Usher 模型:$\dfrac{dn}{dt}=\dfrac{\lambda n}{\alpha}\left[1-\left(\dfrac{n}{N}\right)^{\alpha}\right]$ 的特例[29].

8. 与 7 题中 Usher 模型类似的是 θ-logistic 模型：$\frac{\mathrm{d}x}{\mathrm{d}t}=rx\left[1-\left(\frac{x}{N}\right)^{\theta}\right]$，当 $\theta=1$ 时即为普通的 logistic 模型.讨论 $\theta<1$ 和 $\theta>1$ 时模型的性质[50].

9. 药物动力学中的 Michaelis-Menton 模型为$\frac{\mathrm{d}x}{\mathrm{d}t}=-\frac{kx}{a+x}(k,a>0)$，$x(t)$表示人体内药物在时刻 t 的血药浓度.研究这个方程的解的性质[50].

（1）对于很多药物（如可卡因），a 比 $x(t)$ 大得多，Michaelis-Menton 方程及其解如何简化？

（2）对于另一些药物（如酒精），$x(t)$ 比 a 大得多，Michaelis-Menton 方程及其解如何简化？

10. 建立一个模型说明要用三级火箭发射人造卫星的道理.

（1）设卫星绕地球做匀速圆周运动，证明其速度为 $v=R\sqrt{g/r}$，R 为地球半径，r 为卫星与地心距离，g 为地球表面重力加速度.要把卫星送上离地面 600 km 的轨道，火箭末速 v 应为多少？

（2）设火箭飞行中速度为 $v(t)$，质量为 $m(t)$，初速为 0，初始质量 m_0，火箭喷出的气体相对于火箭的速度为 u，忽略重力和阻力对火箭的影响.用动量守恒原理证明 $v(t)=u\ln\frac{m_0}{m(t)}$.由此你认为要提高火箭的末速应采取什么措施.

（3）火箭质量包括 3 部分：有效载荷（卫星）m_p，燃料 m_f；结构（外壳、燃料仓等）m_s，其中 m_s在 m_f+m_s中的比例记作 λ，一般 λ 不小于 10%.证明若 $m_p=0$（即火箭不带卫星），则燃料用完时火箭达到的最大速度为 $v_{\mathrm{m}}=-u\ln\lambda$.已知目前的 $u=3$ km/s，取 $\lambda=10\%$，求 v_{m}.这个结果说明什么？

（4）假设火箭燃料燃烧的同时，不断丢弃无用的结构部分，即结构质量与燃料质量以 λ 和 $1-\lambda$ 的比例同时减少，用动量守恒原理证明 $v(t)=(1-\lambda)u\ln\frac{m_0}{m(t)}$.问燃料用完时火箭末速为多少，与前面的结果有何不同？

（5）（4）是个理想化的模型，实际上只能用建造多级火箭的办法一段段地丢弃无用的结构部分.记 m_i为第 i 级火箭质量（燃料和结构），λm_i为结构质量（λ 对各级是一样的）.有效载荷仍用 m_p表示.当第 1 级的燃料用完时丢弃第 1 级的结构，同时第 2 级点火.再设燃烧级的初始质量与其负载质量之比保持不变，比例系数为 k.证明 3 级火箭的末速 $v_3=3u\ln\frac{k+1}{\lambda k+1}$.计算要使 $v_3=10.5$ km/s，发射 1 t 重的卫星需要多重的火箭（u,λ 用以前的数据）？若用 2 级或 4 级火箭，结果如何？由此得出使用 3 级火箭发射卫星的道理[94].

11. 一个岛屿上栖居着食肉爬行动物和哺乳动物，又长着茂盛的植物.爬行动物以哺乳动物为食物，哺乳动物又依赖植物生存.在适当假设下建立三者之间关系的模型，求平衡点[10].

12. 大陆上物种数目可以看作常数，各物种独立地从大陆向附近一岛屿迁移.岛上物种数量的增加与尚未迁移的物种数目有关，而随着迁移物种的增加又导致岛上物种的减少.在适当假设下建立岛上物种数的模型,并讨论稳定状况[41].

13. 人体注射葡萄糖溶液时,血液中葡萄糖浓度 $g(t)$ 的增长率与注射速率 r 成正比,与人体血液容积 V 成反比,而由于人体组织的吸收作用,$g(t)$ 的减少率与 $g(t)$ 本身成正比.分别在以下几种假设下建立模型,并讨论稳定情况:

(1) 人体血液容积 V 不变.

(2) V 随着注入溶液而增加.

(3) 由于排泄等因素,V 的增加有极限值[41].

14. 讨论资金积累、国民收入与人口增长的关系:

(1) 若国民平均收入 x 与按人口平均资金积累 y 成正比,说明仅当总资金积累的相对增长率 k 大于人口的相对增长率 r 时,国民平均收入才是增长的.

(2) 做出 $k(x)$ 和 $r(x)$ 的示意图,说明二曲线交点是平衡点,讨论它的稳定性.

(3) 分析人口激增会引起什么后果[7].

15. 讨论另一种捕渔业持续收获的效益模型.设渔场鱼量方程仍为 5.3 节(3)式,但捕捞强度为变量 $E(t)$,其变化规律是:当单位时间收入 T 大于支出 S 时(见 5.3 节(9)式)E 增加,T 小于 S 时 E 减少,E 的变化率与 $T-S$ 成正比.

(1) 建立关于 $E(t)$ 的方程,求 $x(t)$,$E(t)$ 的平衡点并讨论其稳定性.

(2) 将所得结果与 5.3 节的效益模型和捕捞过度模型进行比较[56].

16. 降落伞的选择.为向灾区空投救灾物资共 2 000 kg,需选购一些降落伞.已知空投高度为 500 m,要求降落伞落地时的速度不能超过 20 m/s.降落伞面为半径 r 的半球面,用每根长 l 共 16 根绳索连接的载重 m 位于球心正下方球面处,如右图.

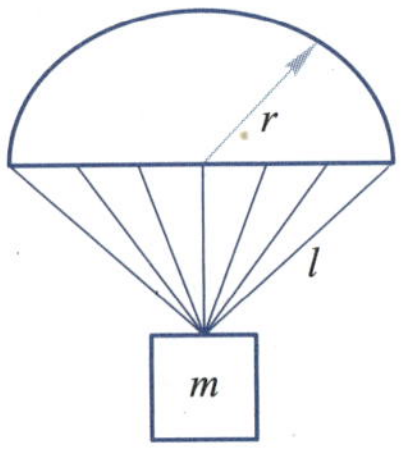

每个降落伞的价格由三部分组成.伞面费用 C_1 由伞的半径 r 决定,见下表;绳索费用 C_2 由绳索总长度及单价 4 元/m 决定;固定费用 C_3 为 200 元.

r/m	2	2.5	3	3.5	4
C_1/元	65	170	350	660	1 000

降落伞在降落过程中受到的空气阻力,可以认为与降落速度和伞面积的乘积成正比.为了确定阻力系数,用半径 $r=3$ m、载重 $m=300$ kg 的降落伞从500 m高度作降落试验,测得各时刻 t 的高度 x,见下表.

t/s	0	3	6	9	12	15	18	21	24	27	30
x/m	500	470	425	372	317	264	215	160	108	55	1

试确定降落伞的选购方案,即共需多少个,每个伞的半径多大(在第 1 个表中选择),在满足空投要求的条件下,使费用最低.

17. 求解限定源扩散问题. 设初始时刻 $x=0$ 端单位面积的杂质量为 M,此后没有杂质向内部扩散,建立模型并求解.

18. 考察由两段不同材料连接而成的一根圆杆的 1 维热传导过程. 两段材料的密

度为 ρ_1,ρ_2，比热容为 c_1,c_2，热传导系数为 k_1,k_2，长度为 l_1,l_2，杆的初始温度为 u_0，杆两端的温度保持零摄氏度. 建立模型，设定参数计算数值解.

19. 数据文件 5-1（北京数据）是 2022 年 10 月 18 日—12 月 11 日北京疫情统计数据，也可收集其他地区的疫情数据，完成传染病模型建模的全过程.

数据文件 5-1 新型冠状病毒感染疫情统计数据

习题参考解答

复习题

5.1　人口增长

1. 教材图 1(b)中国人口从 1950 年到 1987 年约翻了一番，估计这期间人口的年平均增长率约 1.8%.

2. 将 $x(t)=x_0e^{rt}$ 中的指数函数展开幂级数，取前 2 项.

3. 略.

4. logistic 模型曲线 $x(t)$ 出现拐点时刻 $t^*=\frac{1}{r}\ln\frac{x_m-x_0}{x_0}.r,x_0$ 越大，t^* 越小，x_m 越大，t^* 越大. 按照方法一估计参数，$t^*=16.0$，美国人口增长曲线的拐点出现在 1950 年；按照方法二 $t^*=18.7$，拐点出现在 1977 年.

5. $t=\frac{1}{r}\ln\frac{x(x_m-x_0)}{x_0(x_m-x)}$.

5.2　药物中毒急救

1. 孩子服用氨茶碱能引起严重中毒和致命的最小剂量分别是 495 mg 和 990 mg，成人加倍.

2. $z(t)=275e^{-0.1386t}+112.3e^{-0.6930t}$，$t\geqslant 2$. 如图 1.

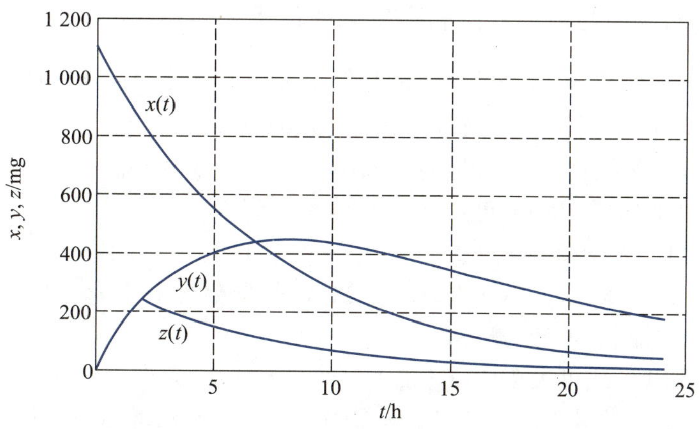

图 1

5.3 捕鱼业的持续收获

1. 模型为 $\dot{x}=F(x)=rx\left(1-\dfrac{x}{N}\right)-h$.

(1) 平衡点由 $F(x)=0$ 确定,由图 2 可知,当 $h>rN/4$ 时,无平衡点;当$h<rN/4$时,有 2 个平衡点 $x_1(x_1<N/2)$,$x_2(x_2>N/2)$,经判断得 x_1 不稳定,x_2 稳定.当 $h=rN/4$ 时,平衡点 $x_0=N/2$.

由 $F'(x_0)=0$ 不能判断其稳定性,但因为对于 $x>x_0$ 及 $x<x_0$ 均有$F(x)<0$,即 $\dot{x}<0$,所以 x_0 不稳定.

值得注意的是,若将 $h=rN/4$ 代入模型求解,可得 $x(t)=\dfrac{N}{rt+c}+\dfrac{N}{2}$,其中 c 由初始值确定,若 $x(0)<N/2$,$t\to\infty$ 时 $x(t)$不会趋向 $N/2$,即 x_0 不稳定.

(2) 由图 2 可知,要获得最大持续产量,应使渔场鱼量 $x>N/2$ 且尽量接近 $N/2$,与产量模型不同的是,这里不能让 $x=N/2$,因为这个平衡点不稳定,而由于各种因素的干扰,要实现 $x>N/2$ 且接近 $N/2$ 是困难的.

2. 模型为 $\dot{x}=F(x)=rx\ln\dfrac{N}{x}-Ex$,如图 3 所示,有 2 个平衡点:$x=0$ 和$x_0=N\mathrm{e}^{-E/r}$.可证 $x=0$ 不稳定,x_0 稳定(与 E,r 的大小无关).最大持续产量为$h_m=rN/\mathrm{e}$,获得 h_m 的$E_m=r$,$x_0{}^*=N/\mathrm{e}$.

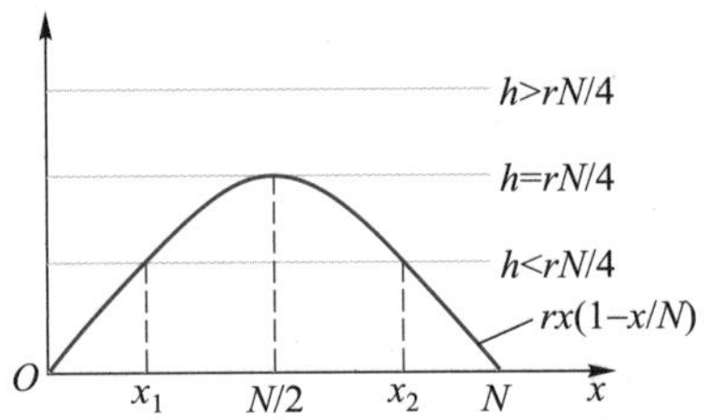

图 2

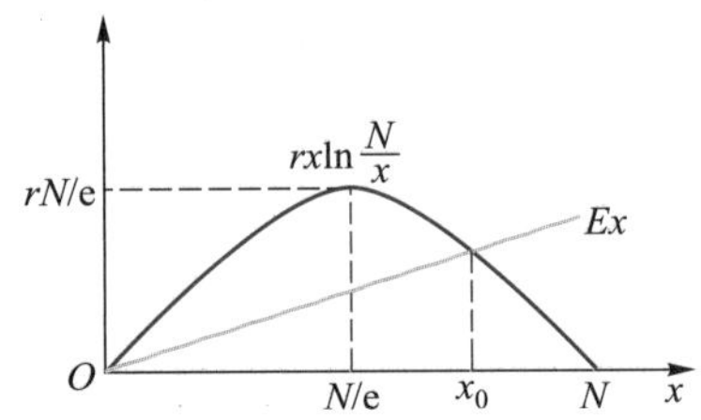

图 3

5.4 传染病模型与新型冠状病毒感染的传播

1. 图形略.(1) 图形与教材图 4 相似,但是由于 i_0 较大,$i_{max}\approx0.33$,$s_\infty\approx0.12$,与教材图 4 不同;(2) 由于 $\sigma=1$, s,i 单调下降,$s_\infty\approx0.86$.

2. 群体免疫使传染病不传播的条件是 $\sigma s_0<1$,设 $i_0\approx0$,有 $s_0\approx1-r_0$,可得 $r_0>1-1/\sigma$,若 $\sigma=5$,则 $r_0>0.8$,即需 80%的健康者接种疫苗.

3. 由(13)(14)式分析,(1) i_{max}对 σ 的导数大于零,σ 变大时(感染率 λ 变大)i_{max}自然增加;(2) 设 $\sigma s_0>1$(i_{max}不在端点),i_{max}对 σ 的导数为 $1-1/\sigma s_0>0$, s_0 变小时 i_{max}随之减小,可用 r_0 增加(i_0 不变)解释.

4. 设 $i_0\approx0$,(15)式可表为 $\sigma(s_0-s_\infty)=\ln(s_0/s_\infty)$,$s_\infty$为直线 $x=\sigma(s_0-s_\infty)$与对数曲线 $x=\ln(s_0/s_\infty)$交点的横坐标, s_0 固定 σ 变大时,s_∞减小 r_∞ 增加;σ 固定 s_0 变小时,s_∞增加 r_∞ 减小. 与常识相符.

5. 图形略,与教材图 3 比较($\sigma=2$ 不变),不同点只有最大值 i_{max}时刻 t_i 提前,这是

感染率 λ 变大造成的.

6. 略.

7. 结构图如图 4,方程略.

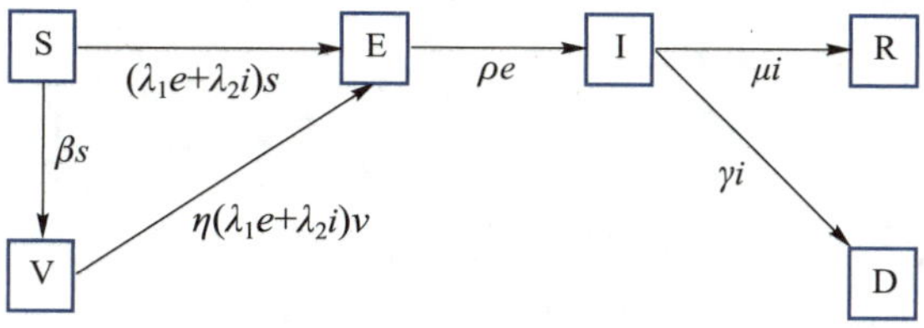

图 4

5.5　香烟过滤嘴的作用

(1) $Q\approx 230$ mg, $Q_1/Q_2\approx 0.976$.

(2) 香烟全部吸完与吸到 l_1 处进入人体毒物量之比为 $\dfrac{e^{\frac{bl}{v}}-e^{\frac{abl}{v}}}{e^{\frac{bl_1}{v}}-e^{\frac{abl_1}{v}}}\approx 1.25$.

5.6　火箭发射升空

燃烧速率提高 1 倍 $r=36$ kg/s,喷出气体速度 u 保持不变,对火箭推力增加 1 倍即 $F=54\ 000$ N.

1) 燃料质量 $m_1=1\ 080$ kg 不变,燃料燃尽时间 $t_1=30$ s,计算得 $x(t_1)=0.821\ 8\times10^4$ m, $v(t_1)=400$ m/s, $t_2=47$ s, $x(t_2)=1.024\ 7\times10^4$ m.

2) 燃料质量增加 1 倍 $m_1=2\ 160$ kg,燃料燃尽时间 $t_1=60$ s 不变, $x(t_1)=1.587\times10^4$ m, $v(t_1)=400$ m/s, $t_2=77$ s, $x(t_2)=1.790\times10^4$ m.

5.7　食饵与捕食者模型

1. 模型表示为

$$\dot{x}_1=r_1x_1\left(1-\frac{x_1}{N_1}-\sigma_1\frac{x_2}{N_2}\right),\ \dot{x}_2=r_2x_2\left(-1+\sigma_2\frac{x_1}{N_1}\right)$$

平衡点及其稳定性如下表.

平衡点	p	q	稳定条件
$P_1(0,0)$	$-r_1+r_2$	$-r_1r_2$	不稳定
$P_2(N,0)$	$r_1-r_2(\sigma_2-1)$	$-r_1r_2(\sigma_2-1)$	$\sigma_2<1$
$P_3\left(\dfrac{N_1}{\sigma_2},\dfrac{N_2(\sigma_2-1)}{\sigma_1\sigma_2}\right)$	r_1/σ_2	$r_1r_2(\sigma_2-1)$	$\sigma_2>1$

可知,当 $\sigma_2<1$ 时,因食饵不能为捕食者提供足够食物, P_2 稳定,即捕食者将灭绝,

而食饵趋向最大容量;而当 $\sigma_2>1$ 时,P_3 稳定,二者共存,分别趋向非零的有限值.

2. 模型见(16)(17)式,平衡点及其稳定性如下表.

平衡点	p	q	稳定条件
$P_1(0,0)$	$-r_1+r_2$	$-r_1r_2$	不稳定
$P_2(N_1,0)$	$r_1-r_2(\sigma_2-1)$	$-r_1r_2(\sigma_2-1)$	$\sigma_2<1$
$P_3\left(\dfrac{N_1(\sigma_1+1)}{1+\sigma_1\sigma_2},\dfrac{N_2(\sigma_2-1)}{1+\sigma_1\sigma_2}\right)$	$\dfrac{r_1(\sigma_1+1)+r_2(\sigma_2-1)}{1+\sigma_1\sigma_2}$	$\dfrac{r_1r_2(\sigma_1+1)(\sigma_2-1)}{1+\sigma_1\sigma_2}$	$\sigma_2>1$

平衡点稳定的意义与复习题 1 相似.

5.8 赛跑的速度

由 $\dfrac{\dot f}{f}=-\dfrac{1}{k}(k>0)$ 和 $f(0)=F$,得 $f(t)=Fe^{-t/k}$.代入(2)式,有

$$\begin{cases}\dot v+\dfrac{v}{\tau}=Fe^{-t/k}\\ v(0)=0\end{cases}\qquad (0\leqslant t\leqslant T,T\text{ 是赛程所需时间})$$

解得

$$v(t)=\frac{\tau kF}{k-\tau}(e^{-t/k}-e^{-t/\tau})\qquad (k>\tau)\tag{1}$$

$$s(t)=\frac{\tau kF}{k-\tau}(-\tau+k-ke^{-t/k}+\tau e^{-t/\tau})\tag{2}$$

$$t^*=\frac{\tau k}{k-\tau}\ln\frac{k}{\tau}\tag{3}$$

t^* 是 $v(t)$ 达到最大的时间.(3)式代入(1)(2)式可得 $v^*=v(t^*)$,$s^*=s(t^*)$.又由所给数据,得 $t^*=6.085$ s,$v^*=11.76$ m/s,$s^*=55$ m.代入(1)~(3)式计算出 $\tau=1.845$ s,$k=43.4$ s,$F=7.32$ N·kg^{-1}(对于 $m=1$ kg).将这些数据代入(1)式得

$$v(t)=14.1(e^{-t/43.4}-e^{-t/1.845})\tag{4}$$

$v(t)$ 的示意图如图 5.用(4)式计算 $v(t)$(理论值)与实际值比较如下表.

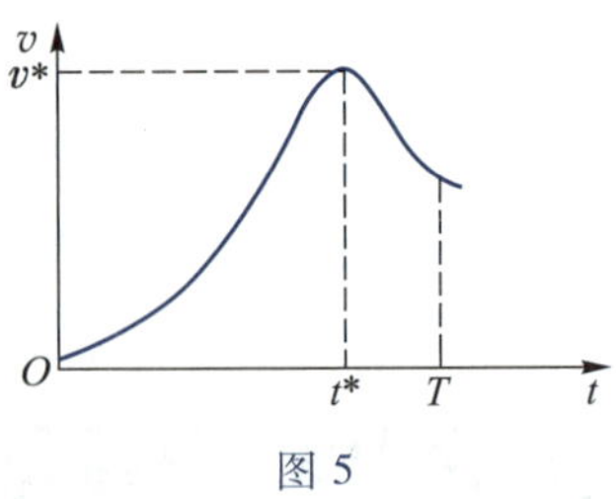

图 5

由于冲力是递减的,所以即便是短跑,速度也在达到最大值 v^* 后,有一个减少的阶段 $[t^*,T]$.

$v(t)$ 实际值	0	5.24	9.54	10.52	11.19	11.62	11.76	11.49	11.47	11.36	11.22
$v(t)$ 理论值	0	5.29	9.56	10.84	11.43	11.63	11.76	11.69	11.56	11.41	11.23

5.9 物质扩散与热量传导

1. 对(13)式求导得 $u_t=\left(\frac{x^2+y^2+z^2}{4a^2t^2}-\frac{3}{2t}\right)u=\left(\frac{x^2+y^2+z^2-6a^2t}{4a^2t^2}\right)u$

$u_{xx}=\left(\frac{4x^2}{(4a^2t)^2}-\frac{2}{4a^2t}\right)u=\left(\frac{x^2-2a^2t}{4a^4t^2}\right)u$，$u_{yy}$，$u_{zz}$类似，代入(11)式成立，且满足

$$\iiint\limits_{-\infty<x,y,z<+\infty} u(x,y,z,t)\,\mathrm{d}x\mathrm{d}y\mathrm{d}z=Q\left(利用\int_{-\infty}^{\infty}\mathrm{e}^{-z^2/\alpha}\mathrm{d}z=\sqrt{\pi\alpha}\ \right).$$

2. 由(17)式可以等价地求解如下 x 对 t 的极值问题 $x=t\ln\frac{Q}{4\pi a^2u_0t}$.

3. 由正弦级数系数公式可得(图形略)

$$c_n=\frac{2}{l}\int_0^l-N\sin\frac{n\pi}{l}x\mathrm{d}x=\frac{2N}{n\pi}[(-1)^n-1]$$
$$=\begin{cases}-\dfrac{4N}{\pi(2k-1)}, & n=2k-1,\\ 0, & n=2k,\end{cases}\quad k=1,2,\cdots$$

5.10　高温作业专用服装设计

1. 稳态方程为 $u_m(x)=a_mx+b_m$，$x_{m-1}<x<x_m$，$x_0=0$，$x_m-x_{m-1}=d_m$，$m=1,2,\cdots,M$　(1)

衔接条件为$k_ma_m=k_{m+1}a_{m+1}$，$m=1,2,\cdots,M-1$　(2)

$$a_mx_m+b_m=a_{m+1}x_m+b_{m+1},m=1,2,\cdots,M-1\tag{3}$$

边界条件为$-k_1a_1=h_l(u_l-b_1)$　(4)

$$-k_Ma_M=h_r(a_Mx_M+b_M-u_r)\tag{5}$$

由(2)式得 $a_{m+1}=k_1a_1/k_{m+1}$，$m=1,2,\cdots,M-1$　(6)

由(3)式得 $b_M=a_1d_1+a_2d_2+\cdots+a_{M-1}d_{M-1}-a_Mx_{M-1}+b_1$　(7)

(7)式代入(5)式可以解出

$$a_1=\frac{-(u_l-u_r)/k_1}{\dfrac{1}{h_l}+\dfrac{1}{h_r}+\sum\limits_{m=1}^{M}\dfrac{d_m}{k_m}}\tag{8}$$

2. 第Ⅱ层的最优厚度约为 19.6 mm.

3. 参考发表在《工程数学学报》第 35 卷增刊一(2018)上的 4 篇竞赛优秀论文及文献[67].

训练题

1. (1) $\frac{\mathrm{d}c}{\mathrm{d}t}=\frac{Q}{V}(c_h-c)$，　$c(0)=c_0$，　解得 $c(t)=c_h+(c_0-c_h)\mathrm{e}^{-Qt/V}$.

(2) $t_1=10$，$c_1=0.9$，$t_2=40$，$c_2=0.5$，求 t_m使 $c_m=0.2$.将以上数值代入 $c(t)$，由联立代数方程解得 $t_m=99$(天).

(3) $\frac{\mathrm{d}c}{\mathrm{d}t}=\frac{Q}{V-bt}(c_h-c)$，　$c(0)=c_0$，$c(t)=c_h+(c_0-c_h)\left(1-\frac{bt}{V}\right)^{Q/b}$.

2. (1) 记时刻 t 的尸温为 $T(t)$(零时为 $t=0$)，凶杀案发生的时间为 t_0，此时体温为

$T_0=37$ ℃,室温 $T_1=10$ ℃不变.模型为 $\frac{dT}{dt}=-k(T-T_1)(k>0)$,$T(t_0)=T_0$,解得 $T=(T_0-T_1)e^{-k(t-t_0)}+T_1$,将数值代入由联立方程解得 $t_0\approx4.5$(约4时半).

(2) 将“室温 $T_1=10$ ℃不变”改为 $T_1=t+4$,代入原模型求解.

3. 设 t 时刻采用新技术的人数为 $x(t)$.

(1) 指数模型$\frac{dx}{dt}=\lambda x$.

(2) logistic 模型$\frac{dx}{dt}=ax(N-x)$,N 为总人数.

(3) 广告等媒介在早期作用较大,它对传播速度的影响与尚未采用新技术的人数成正比,在模型(2)的基础上,有$\frac{dx}{dt}=(ax+b)(N-x)$.

(2)和(3)的区别见图6.

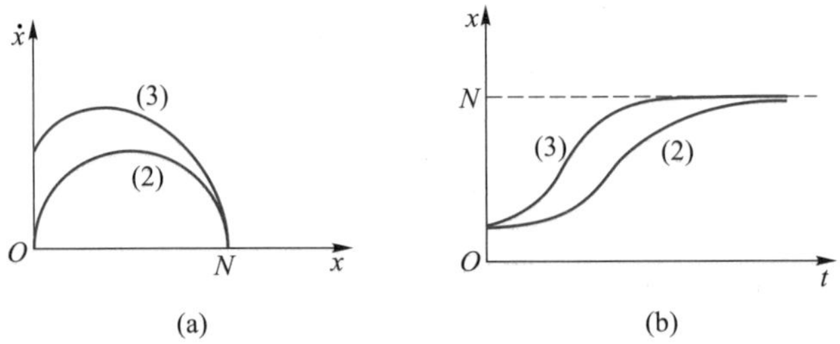

图 6

4. 以血液流动方向为正方向建立坐标 x,如图7,血液和人工肾中废物浓度分别记作 $u(x)$ 和 $v(x)$,血液和人工肾中液体流动的速度分别记作 k_u 和 k_v.

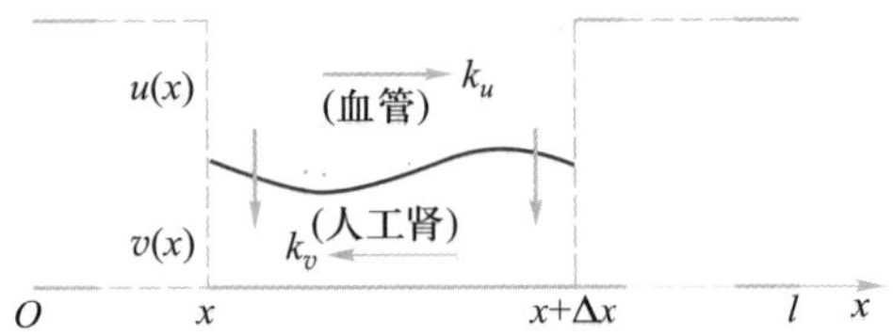

图 7

考察$(x,x+\Delta x)$血液中废物浓度的变化,得 $k_uu(x)=\lambda[u(x)-v(x)]dx+k_uu(x+dx)$.于是 $k_u\frac{du}{dx}=-\lambda(u-v)$,$\lambda>0$.

同理,$k_v\frac{dv}{dx}=-\lambda(u-v)$,边界条件为 $u(0)=u_0$,$v(l)=0$,可解得

$$u(x)=u_0\frac{k_ue^{-\alpha l}-k_ve^{-\alpha x}}{k_ue^{-\alpha l}-k_v},v(x)=u_0\frac{k_ue^{-\alpha l}-k_ue^{-\alpha x}}{k_ue^{-\alpha l}-k_v},\text{其中 }\alpha=\lambda\left(\frac{1}{k_u}-\frac{1}{k_v}\right)$$

单位时间内人工肾带走的血液中的废物量为

$$Q=\int_0^l \lambda(u-v)\mathrm{d}x=-k_u\int_0^l \frac{\mathrm{d}u}{\mathrm{d}x}\mathrm{d}x=k_u[u_0-u(l)]=u_0k_u\frac{1-\mathrm{e}^{-\alpha l}}{1-\dfrac{k_u}{k_v}\mathrm{e}^{-\alpha l}}$$

作为表示人工肾性能的指标，清除率 I 定义为 $I=\dfrac{Q}{u_0}=k_u\dfrac{1-\mathrm{e}^{-\alpha l}}{1-\dfrac{k_u}{k_v}\mathrm{e}^{-\alpha l}}$.

5. (1) 尾数 $n(t)$ 满足 $\dot{n}=-\lambda n(\lambda>0)$，$n(0)=n_0$ 得 $n(t)=n_0\mathrm{e}^{-\lambda t}$. 每尾鱼重 $w(t)$ 满足 $\dot{w}=\alpha w^{2/3}-\beta w$，不妨近似设 $w(0)=0$，得 $w(t)=\left(\dfrac{\alpha}{\beta}\right)^3(1-\mathrm{e}^{-\beta t/3})^3$.

(2) 设 $t=T$ 时开始捕捞，且单位时间捕捞率为 E，则 $t\geqslant T$ 时有 $\dot{n}=-(\lambda+E)n$，因此得 $n(t)=n_0\mathrm{e}^{-\lambda T}\mathrm{e}^{-(\lambda+E)(t-T)}$，单位时间捕捞鱼的尾数为 $En(t)$，每尾鱼重 $w(t)$，所以从 T 开始的总捕捞量是 $y=\int_T^\infty w(t)En(t)\mathrm{d}t=\int_0^\infty\left(\dfrac{\alpha}{\beta}\right)^3[1-\mathrm{e}^{-\beta(\tau+T)/3}]^3En_0\mathrm{e}^{-\lambda T}\mathrm{e}^{-(\lambda+E)\tau}\mathrm{d}\tau$，问题为求 λ,E 使 y 最大，可用数值法求解.

6. (1) 记飞机速度 $u=40$ n mile/h，艇速 $v=20$ n mile/h. 设 PR 是所求航线上的一段，即当潜艇沿 θ 航行时飞机、潜艇在 (r,θ) 相遇(图 8)，那么当潜艇沿 $\theta+\Delta\theta$ 航行时，二者必在 $(r+\Delta r,\theta+\Delta\theta)$ 相遇，记 PR 弧长为 $\mathrm{d}s$，则 $\dfrac{\mathrm{d}s}{\mathrm{d}r}=\dfrac{u}{v}=2$，注意到 $(\mathrm{d}s)^2=(\mathrm{d}r)^2+(r\mathrm{d}\theta)^2$，即可得到 $r=r_0\mathrm{e}^{(\theta-\theta_0)/\sqrt{3}}$，这是一条对数螺线，$(r_0,\theta_0)$ 是满足 $OP_0=AP_0/2$ 的任意一点 P_0 的坐标，而 P_0 位于以 $(2,\pi)$ 为圆心、半径为4 n mile 的圆周上.

飞机从 A 沿直线飞至 P_0，再沿螺线飞行，最远飞行一圈至 P_2，总能发现潜艇(图 9 中实线为飞机航线，虚线为潜艇航线).

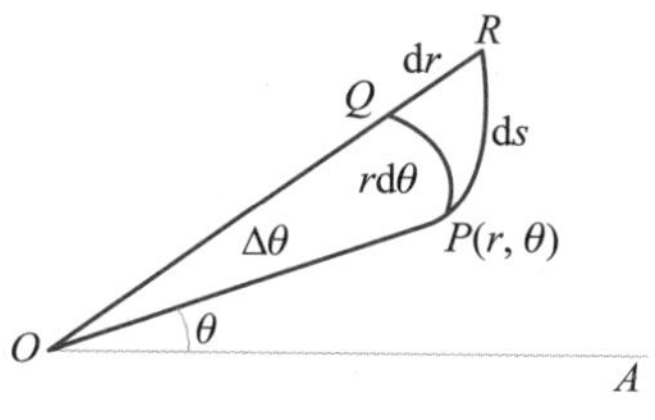

图 8

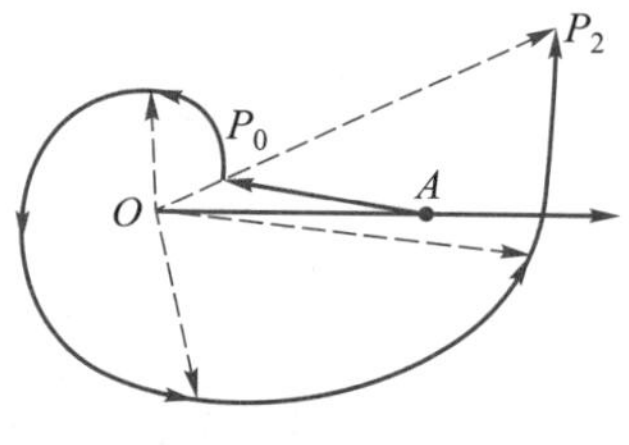

图 9

(2) 考察对数螺线上任一点 P 的切线与该点的向径夹角 α(图 10)，有 $\cot\alpha=\dfrac{\mathrm{d}r}{r\mathrm{d}\theta}$，对于 $r=r_0\mathrm{e}^{(\theta-\theta_0)/\sqrt{3}}$，夹角 $\alpha=\tan^{-1}\sqrt{3}=\pi/3$，而螺线起始点 P_0 所在的圆周上只有 $P_1(2\sqrt{3},\pi/2)$ 点使 AP_1 与 OP_1 的夹角也是 $\pi/3$(图 11)，所以沿 AP_1P_3 的航线是光滑的.

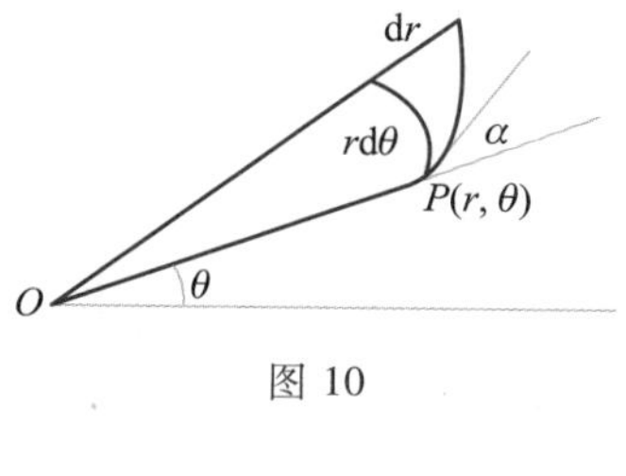

图 10

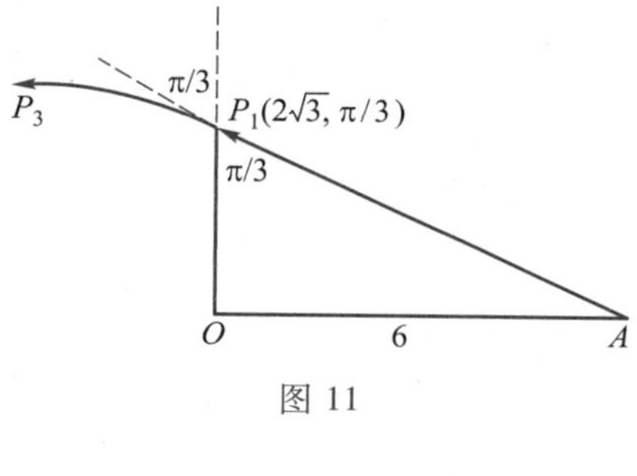

图 11

(3) 一定可以发现潜艇的航线是,直线段 AP_0 加上螺线一圈 P_0P_2(图 9).显然最短的航线是取 P_0 点为(2,0),沿螺线 $r=2e^{\theta/\sqrt{3}}$ 飞行至 P_2^* 点.P_2^* 的向径 $r=2e^{2\pi/\sqrt{3}}$ 即为潜艇的航程,因为 $u=2v$,故飞机最短航线的长度为 $2\times 2e^{2\pi/\sqrt{3}}\approx 150$ n mile.

同理,光滑航线的长度为 $2\times 2\sqrt{3}\,e^{2\pi/\sqrt{3}}\approx 260$ n mile.

如果计算螺线的长度,则需将 $r=r_0e^{(\theta-\theta_0)/\sqrt{3}}$ 代入 $P_0P_2=\int_{\theta_0}^{\theta_0+2\pi}\sqrt{(dr)^2+(rd\theta)^2}$ 作积分.

7. (1) Gompertz 模型 $\frac{dn}{dt}=-\lambda n\ \ln\frac{n}{N}$, $n(0)=n_0$ 的解为 $n(t)=N\exp\left[\left(\ln\frac{n_0}{N}\right)e^{-\lambda t}\right]$,有以下性质:$t\to\infty$ 时 $n(t)\to N$;t 较小时 $e^{-\lambda t}\approx 1-\lambda t$, $n(t)\approx n_0\exp\left[\left(\ln\frac{N}{n_0}\right)\lambda t\right]$,即增长率 $r=\lambda\ \ln\frac{N}{n_0}$ 的指数增长模型;$n<\frac{N}{e}$ 时 $\frac{d^2n}{dt^2}>0$, $n>\frac{N}{e}$ 时 $\frac{d^2n}{dt^2}<0$, $n=\frac{N}{e}$ 是曲线的拐点.

由上可得 $n(t)$ 曲线的示意图如图 12 中的实线,与 logistic 模型 $\frac{dn}{dt}=\lambda n\left(1-\frac{n}{N}\right)$ 相似(图 12 虚线).

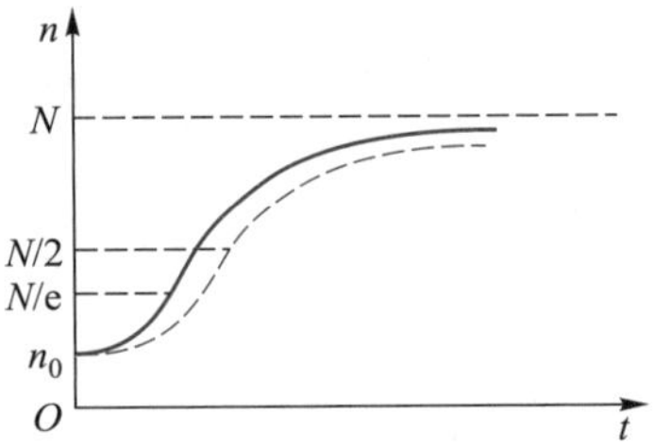

图 12

(2) Usher 模型 $\frac{dn}{dt}=\frac{\lambda n}{\alpha}\left[1-\left(\frac{n}{N}\right)^{\alpha}\right]$. $\alpha=1$ 时,即为 logistic 模型;$\alpha\to 0$ 时,取极限可知化为 Gompertz 模型.

8. θ-logistic 模型:$\frac{dx}{dt}=rx\left[1-\left(\frac{x}{N}\right)^{\theta}\right]$. 通过 $\dot{x}-x$ 的图形做出 $x-t$ 的图形,如图 13 研

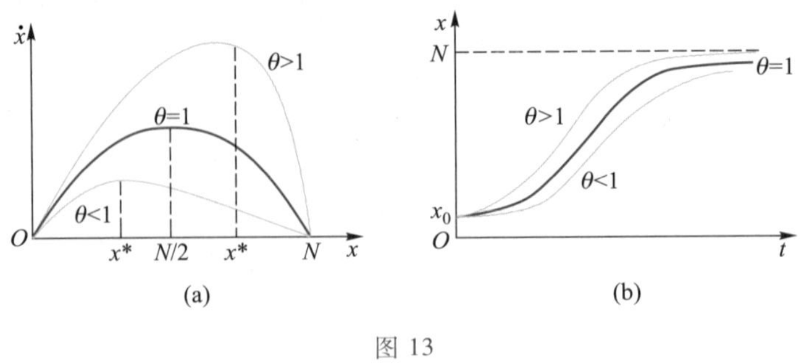

图 13

究模型的性质：$\theta=1$ 时为普通的 logistic 模型，如图 8 中的粗线. 可以计算 $\dot{x}-x$ 曲线的极值点为 $x^*=\alpha N, \alpha=(\theta+1)^{-1/\theta}$；$\theta<1$ 时 $\alpha<1/2$，且 $\dot{x}$ 较小，$\dot{x}-x$ 曲线平缓，$x-t$ 曲线在下方；$\theta>1$ 时 $\alpha>1/2$，且 $\dot{x}$ 较大，$\dot{x}-x$ 曲线陡峭，$x-t$ 曲线在上方.

9. 对于 $\frac{\mathrm{d}x}{\mathrm{d}t}=-\frac{kx}{a+x}$ $(k,a>0)$，可以通过 $\dot{x}-x$ 的图形做出 $x-t$ 的图形，如图 14，得到模型的性质.

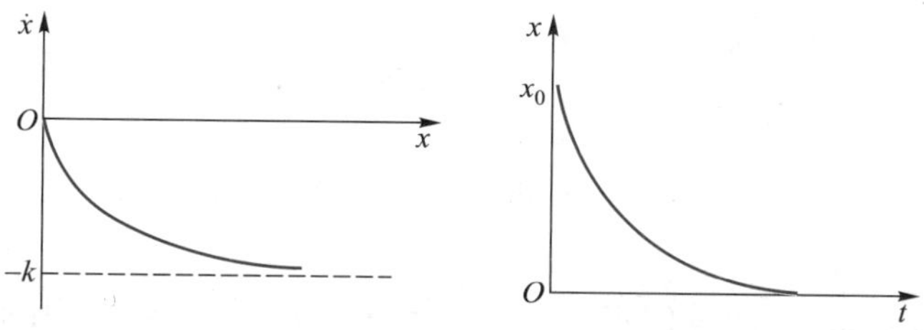

(a)　　(b)

图 14

(1) 若 a 比 $x(t)$ 大得多，则方程可简化为 $\dot{x}=-kx/a$，解为负指数函数.

(2) 若 $x(t)$ 比 a 大得多，则方程可简化为 $\dot{x}=-k$，解为线性函数.

10. (1) 地球对卫星引力 $F=\frac{kMm}{r^2}$，M,m 分别为地球和卫星的质量，因为在地球表面上有 $\frac{kMm}{R^2}=mg$，得到 $kM=R^2g$，于是 $F=mg\left(\frac{R}{r}\right)^2$. 又卫星向心力为 $F_1=\frac{mv^2}{r}$，由 $F=F_1$ 得到 $v=R\sqrt{g/r}$. 取 $g=9.8\ \mathrm{m/s^2}$，$R=6\ 400\ \mathrm{km}$，$r=6\ 400+600=7\ 000\ \mathrm{km}$ 代入，得火箭末速应为 $v\approx 7.6\ \mathrm{km/s}$.

(2) 考察 t 到 $t+\Delta t$ 时刻火箭的动量守恒：

$$m(t)v(t)-m(t+\Delta t)v(t+\Delta t)=[m(t)-m(t+\Delta t)][v(t)-u]$$

左端是火箭动量的减少，右端是喷出气体的动量，由此可得：$m\frac{\mathrm{d}v}{\mathrm{d}t}+u\frac{\mathrm{d}m}{\mathrm{d}t}=0$，即 $\frac{\mathrm{d}v}{\mathrm{d}t}=-u\frac{\mathrm{d}\ln m}{\mathrm{d}t}$，在 $v(0)=0$ 的条件下，解为 $v(t)=u\ln\frac{m_0}{m(t)}$. 可以看出，为了增加火箭速度 v，一是改善燃料提高气体喷出的速度 u；二是在 m_0 给定时，改善火箭结构以减少火箭质量 $m(t)$.

(3) 将 $m_s=\lambda(m_f+m_s)=\lambda(m_0-m_p)$ 且 $m_p=0$ 代入(2)的结果，即得 $v_m=-u\ln\lambda$. 当 $u=3\ \mathrm{km/s}$，$\lambda=10\%$ 时，得到 $v_m\approx 7\ \mathrm{km/s}<7.6\ \mathrm{km/s}$. 这个结果说明，在忽略重力、阻力，不携带卫星的情况下，火箭的最大速度才 7 km/s，还不到进入高 600 km 圆形轨道的火箭应有的末速 7.6 km/s，所以用单级火箭不能发射卫星.

(4) 在(2)的动量守恒式中，左端不变，而右端丢弃的结构部分的动量为 $\lambda[m(t)-m(t+\Delta t)]v(t)$，喷出气体的动量为 $(1-\lambda)[m(t)-m(t+\Delta t)]\cdot[v(t)-u]$，于是可解得 $v(t)=(1-\lambda)u\ln\frac{m_0}{m(t)}$，当燃料用完时，$m_s$ 丢弃，只剩下 m_p，于是火箭末速为 $v=(1-\lambda)u\ln\frac{m_0}{m_p}$.

(5) 利用(2)的结果,$v(t)=u\ln\dfrac{m_0}{m(t)}$,第 1 级火箭的燃料用完时,$m(t)=m_p+\lambda m_1+m_2+m_3$,末速 $v_1=u\ln\dfrac{m_0}{m_p+\lambda m_1+m_2+m_3}$. 丢弃 λm_1,第 2 级火箭点火,其末速为 $v_2=v_1+u\ln\dfrac{m_p+m_2+m_3}{m_p+\lambda m_2+m_3}$. 同理,第 3 级火箭的末速 $v_3=v_2+u\ln\dfrac{m_p+m_3}{m_p+\lambda m_3}$,于是 $v_3=u\ln\left[\dfrac{m_0}{m_p+\lambda m_1+m_2+m_3}\cdot\dfrac{m_p+m_2+m_3}{m_p+\lambda m_2+m_3}\cdot\dfrac{m_p+m_3}{m_p+\lambda m_3}\right]$. 根据 k 的定义有 $k=\dfrac{m_3}{m_p}=\dfrac{m_2}{m_p+m_3}=\dfrac{m_1}{m_p+m_2+m_3}=\dfrac{m_0}{m_p+m_1+m_2+m_3}$,于是 $v_3=3u\ln\dfrac{k+1}{\lambda k+1}$. 要使 $v_3=10.5$ km/s,当 $u=3$ km/s 和 $\lambda=0.1$ 时,可算出 $k\approx3.25$,而由 k 的定义可知 $\dfrac{m_0}{m_p}=(k+1)^3$. 若 $m_p=1$ t,则 $m_0\approx77$ t.

用同样的方法可以计算,若用 2 级火箭,则 $m_0\approx149$ t;若用 4 级火箭,则 $m_0\approx65$ t. 由此可见,用 3 级火箭比 2 级火箭 m_0 减少许多,而用 4 级火箭则不值得.

11. 植物、哺乳动物、爬行动物的数量分别记作 $x_1(t),x_2(t),x_3(t)$. 若不考虑自然资源对植物生长的限制,则模型为

$$\dot{x}_1=x_1(r_1-\lambda_1x_2),\quad \dot{x}_2=x_2(-r_2+\lambda_2x_1-\mu x_3),\quad \dot{x}_3=x_3(-r_3+\lambda_3x_2)$$

式中常数可做类似 5.7 节的解释. 平衡点为 $P_1(0,0,0)$,$P_2(r_2/\lambda_2,r_1/\lambda_1,0)$,$P_2$ 点中 x_1 和 x_2 的结果与 5.7 节相同.

12. 记岛上物种数为 $x(t)$,大陆上物种数为 N. 设 $x(t)$ 的增加率与尚未迁移的物种数 $N-x$ 成正比,同时 $x(t)$ 的减少率与已迁移的物种数 x 成正比,则

$$\dot{x}(t)=\alpha(N-x)-\beta x\quad(\alpha,\beta>0)$$

稳定状态是 $x_0=\dfrac{\alpha N}{\alpha+\beta}$.

13. 基本模型为

$$\frac{\mathrm{d}g}{\mathrm{d}t}=k_1\frac{r}{V}-k_2g\quad(k_1,k_2>0,\text{常数})\tag{1}$$

(1) V 为常数时,平衡点 $g_0=\dfrac{k_1r}{k_2V}$ 稳定.

(2) 不妨设

$$\frac{\mathrm{d}V}{\mathrm{d}t}=\beta\quad(\beta>0,\text{常数})\tag{2}$$

方程(1)(2)不存在平衡点. 若由(2)解出 $V(t)=V_0+\beta t$ 代入(1),则(1)不是自治方程.

(3) 不妨设

$$\frac{\mathrm{d}V}{\mathrm{d}t}=\mu(V_1-V)\ (\mu>0,\text{常数})\tag{3}$$

方程(1)(3)存在平衡点:$(g^*,V^*)=\left(\dfrac{k_1r}{k_2V_1},V_1\right)$,它是稳定的. 若由(3)解出

$V(t)=V_1-(V_1-V_0)\mathrm{e}^{-\mu t}$代入(1),则(1)不是自治方程.

14. (1) 记总资金积累为 $u(t)$,总人口为 $v(t)$.按假设 $\dot{u}=ku$, $\dot{v}=rv$,又 $x(t)=\alpha y(t)$($\alpha>0$,常数),$y(t)=\dfrac{u(t)}{v(t)}$,可得 $\dot{x}(t)=\alpha\dfrac{v\dot{u}-u\dot{v}}{v^2}=(k-r)x$,所以当 $k>r$ 时,$x(t)$增加.

(2) 若资金积累增长率 k 和人口增长率 r 由国民平均收入 x 确定,一般情况下,$k(x)$,$r(x)$都是升函数.二曲线交点 M 的横坐标 x^* 是平衡点(图15(a)).因为 $x=x^*$ 时,$k=r$, $\dot{x}=0$.该平衡点的稳定性取决于平衡点附近 $k(x)$ 和$r(x)$的增长速度.若 $k'(x)>r'(x)$,则平衡点不稳定(图 15(a)),即国民平均收入将不断增长,反之,则 x^* 稳定(图 15(b)),即国民收入将停滞.

(3) 在不稳定平衡点 x^* 的情况下,国民平均收入不断增长.假定人口增长率突然增加,造成 $r(x)$ 在 M_1 点再次与 $k(x)$ 相交(图 15(c)),则 x_1^* 是稳定平衡点.

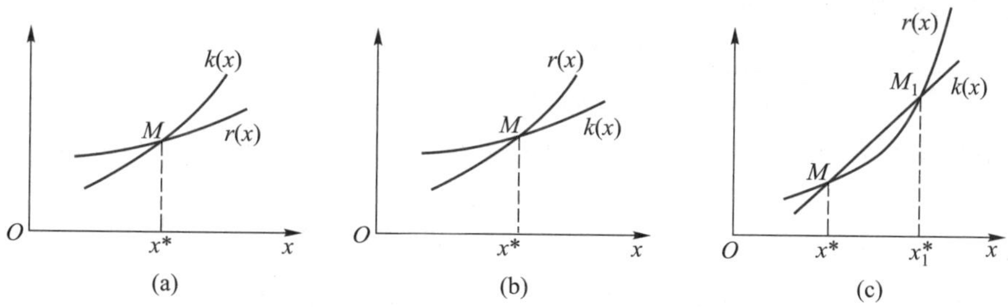

图 15

15. (1) 模型为 $\dot{x}=rx\left(1-\dfrac{x}{N}\right)-Ex$, $\dot{E}=k(T-s)=k(px-c)E$, $k>0$.平衡点(x_0,E_0)及其稳定性如下表.

平衡点	p	q	稳定条件
$(0,0)$	$-r+c$	$-rc$	不稳定
$(N,0)$	$r-(pN-c)$	$-r(pN-c)$	$p<c/N$
$\left(\dfrac{c}{p},r\left(1-\dfrac{c}{pN}\right)\right)$	$\dfrac{rc}{pN}$	$rc\left(1-\dfrac{c}{pN}\right)$	$p>c/N$

(2) 当 $p<c/N$ 时,$\dot{E}<0$, $E(t)\xrightarrow{t\to\infty}0$,于是 $x(t)\xrightarrow{t\to\infty}N$,平衡点$(N,0)$稳定.

当 $p>c/N$ 时,稳定点 $x_0=\dfrac{c}{p}$完全由成本—价格比决定,出现捕捞过度,与 5.3 节捕捞过度模型一致.

16. 降落伞的选择. 这个优化问题的决策变量是降落伞数量 n 和每个伞的半径 r,可先将 n 和 r 看作连续变量,建立优化模型,求得最优解后,再按题目要求作适当调整.

目标函数是降落伞的费用,可以根据题目中第 1 个表的数据拟合伞面费用 C_1 与伞的半径 r 的关系.约束条件主要是伞的落地速度不能超过 20 m/s,需要建立并求解降落伞速度满足的微分方程,其中空气阻力系数要通过题目中第 2 个表的数据拟合.

设 $C_1=ar^b$,a,b 用第 1 个表的数据拟合,每根绳索长度 $l=\sqrt{2}r$.降落伞只受重力和空气阻力的作用,阻力与降落速度和伞面积的乘积成正比,阻力系数用第 2 个表的数据拟合,初速为零.

模型的目标函数为降落伞的费用 $C=n(C_1+C_2+C_3)$,其中 $C_1=ar^b$,$C_2=4\times16\times\sqrt{2}r=90.5r$,$C_3=200$,得

$$C = n(ar^b + 90.5r + 200) \tag{1}$$

记时刻 t 伞的速度为 $v(t)$,高度为 $x(t)$,阻力为 kr^2v,k 待定.由牛顿第二定律,$v(t)$满足

$$m\frac{\mathrm{d}v}{\mathrm{d}t} = mg - kr^2v, v(0) = 0 \tag{2}$$

其中 $m=2\ 000/n$(一个降落伞的载重),g 为重力加速度.(2)式的解

$$v = \frac{2\ 000\ g}{kr^2n}\left(1 - \mathrm{e}^{-\frac{kr^2n}{2\ 000}t}\right) \tag{3}$$

又初始高度为 500 m,得到

$$x = 500 - \frac{2\ 000\ g}{kr^2n}t + \frac{2\ 000^2\ g}{k^2r^4n^2}\left(1 - \mathrm{e}^{-\frac{kr^2n}{2\ 000}t}\right) \tag{4}$$

落地速度不超过 20 m/s,即 $x=0$ 时(4)式的根 t 代入(3)式后,$v(t)\leqslant20$.整个优化模型可记作

$$\begin{aligned}\min\quad & C = n(ar^b + 90.5r + 200)\\ \text{s.t.}\quad & 500 - \frac{2\ 000\ g}{kr^2n}t + \frac{2\ 000^2g}{k^2r^4n^2}\left(1 - \mathrm{e}^{-\frac{kr^2n}{2\ 000}t}\right) = 0\\ & \frac{2\ 000\ g}{kr^2n}\left(1-\mathrm{e}^{-\frac{kr^2n}{2\ 000}t}\right)\leqslant 20\\ & n\geqslant1, r\geqslant2\end{aligned} \tag{5}$$

当参数 a,b,k 确定后,即可求解模型(5)得到 n,r,再作适当调整.

a,b 利用 MATLAB 软件估计得到 $a=4.303\ 9$,$b=3.977\ 9$,取 $a=4.3$,$b=4$.估计 k 时注意到降落试验载重 $m=300(n=1)$,$r=3$,利用 MATLAB 软件得到 $k=18.458\ 3$.

将 a,b,k 代入模型(5),用 MATLAB 求解,得到 $n=6.007\ 2$,$r=2.969\ 5$,$C=4\ 824.49$.

将结果调整为 $n=6$,$r=3$,即选购 6 个降落伞,每个半径 3 m.把这个结果代入(3)和(4),得落地速度 $v=19.672\ 8$ m/s,符合要求.费用为 $C=6\times(350+90.5\times3+200)=4\ 929$(元).

注:空投时每个降落伞载重 2 000 kg/6,与试验载重略有不同.

17. 扩散方程 $u_t=a^2u_{xx}$,$t>0$,$0<x<l$,因为没有杂质由两端向内部扩散,所以边界条件为 $u_x(0,t)=u_x(l,t)=0$,$t\geqslant0$,$t=0$ 时 $x=0$ 端的杂质 M 表示为初值条件 $u(x,0)=M\delta(x)$,$\delta(x)$是点源函数(见(12)式).注意到方程和边界条件的齐次性,用分离变量法得到方程一般解为 $u(x,t)=\sum\limits_{n=0}^{\infty}c_n\exp\left(-\frac{n^2\pi^2a^2}{l^2}t\right)\cos\left(\frac{n\pi}{l}x\right)$,初值条件确定系数

$$c_0 = \frac{1}{l}\int_0^l M\delta(x)\,\mathrm{d}x = \frac{M}{l}, c_n = \frac{2}{l}\int_0^l M\delta(x)\cos\frac{n\pi}{l}x\,\mathrm{d}x = \frac{2M}{l}, n = 1,2,\cdots$$

模型的解为 $u(x,t)=\frac{M}{l}+\frac{2M}{l}\sum\limits_{n=1}^{\infty}\exp\left(-\frac{n^2\pi^2a^2}{l^2}t\right)\cos\left(\frac{n\pi}{l}x\right)$

18. 设两段材料的温度分别为 $u^{(1)}$, $u^{(2)}$,热传导方程为

$$u_t^{(1)}=\frac{k_1}{c_1\rho_1}u_{xx}^{(1)},\quad t>0,\quad 0<x<l_1,\quad u_t^{(2)}=\frac{k_2}{c_2\rho_2}u_{xx}^{(2)},\quad t>0,\quad l_1<x<l_2,$$

边界条件 $u^{(1)}(0.t)=u^{(2)}(l.t)=0$, $l=l_1+l_2$,初值条件 $u^{(1)}(x,0)=u^{(2)}(x,0)=u_0$,在两段杆连接处 $x=l_1$ 应满足温度连续条件 $u^{(1)}(l_1.t)=u^{(2)}(l_1.t)$,及热流连续条件 $k_1u_x^{(1)}(l_1.t)=k_2u_x^{(2)}(l_1.t)$,称为衔接条件. 设定参数计算数值解从略.

19. 略.

第 6 章　差分方程与代数方程模型

复习题

6.1　贷款购房

1. 在网上用当前的还款利率在等额本息还款、商业贷款 100 万元、期限 20 年条件下，查出还款总额和月均还款，然后用本节的模型计算，予以核对.

2. 根据(6)(9)式证明等额本息还款总额 A_1 大于等额本金还款总额 A_2.

6.2　管住嘴迈开腿

若将模型假设修改为“每周体重减少不要超过 1 kg”，检查所制订的减肥计划是否满足，如不满足，重新制订计划.

6.3　市场经济中的物价波动

1. 因为一个时段上市的商品不能立即售完，其数量也会影响到下一时段的价格，所以第 $k+1$ 时段的价格 y_{k+1} 由第 $k+1$ 时段和第 k 时段的数量 x_{k+1} 和 x_k 决定. 如果仍设 x_{k+1} 只取决于 y_k，给出稳定平衡的条件，并与本节的结果进行比较.

2. 若除了 y_{k+1} 由 x_{k+1} 和 x_k 决定之外，x_{k+1} 也由前两个时段的价格 y_k 和 y_{k-1} 确定. 试分析稳定平衡的条件是否还会放宽.

6.4　动物的繁殖与收获

1. 按年龄分组的种群模型中，设一群动物最高年龄为 15 岁，每 5 岁一组分成 3 个年龄组，各组的繁殖率为 $b_1=0, b_2=4,\ b_3=3$，存活率为 $s_1=1/2,\ s_2=1/4$，开始时 3 组各有 1 000 只. 求 15 年后各组分别有多少只，以及时间充分长以后种群的增长率和按年龄组的分布.

2. 讨论饲养动物种群的持续稳定收获模型的两个特例：

(1) 有些种群最年幼组具有较大的经济价值，所以饲养者只收获这个年龄组的种群，可设收获系数为 $h_1=h, h_2=\cdots=h_n=0$. 仍用第 1 题中繁殖率和存活率的数据，求收获系数、种群及收获量按年龄组的稳定分布.

(2) 对于随机捕获的种群，区分年龄是困难的，不妨假定 $h_1=h_2=\cdots=h_n=h$. 讨论与(1)同样的问题.

6.5　信息传播

1. 按照 5.4 节传染病模型中 SI 模型、SIS 模型和 SIR 模型的假设条件，分别建立差分方程模型，并说明与本节的哪些方程相对应（特别注意 SIR 模型中变量的选取）.

2. 下表是在受限环境下培养的酵母生物量的实验数据（k:小时，p_k:生物量）. [23]

(1) 对 k-p_k 作散点图，观察变化趋势，估计 p_k 增长的上限 N;

（2）参考本节的模型对酵母生物量的增长建模；

（3）用实验数据估计模型参数（提示：对数据$\frac{p_{k+1}-p_k}{p_k}$-$(N-p_k)$作图，用线性最小二乘估计参数）；

（4）计算模型的理论值并与实验数据 p_k 比较.

k	0	1	2	3	4	5	6	7	8	9
p_k	9.6	18.3	29.0	47.2	71.1	119.1	174.6	257.3	350.7	441.0
k	10	11	12	13	14	15	16	17	18	
p_k	513.3	559.7	594.8	629.4	640.8	651.1	655.9	659.6	661.8	

6.6　原子弹爆炸的能量估计

1. 雨滴的速度 v 与空气密度 ρ、黏滞系数 μ 和重力加速度 g 有关，其中黏滞系数的定义是：运动物体在流体中受的摩擦力与速度梯度和接触面积的乘积成正比，比例系数为黏滞系数.用量纲分析方法给出速度 v 的表达式.

2. 用量纲分析方法研究人体浸在匀速流动的水里时损失的热量.记水的流速 v，密度 ρ，比热容 c，黏性系数 μ，热传导系数 k，人体尺寸 d.证明人体与水的热交换系数 h 与上述各物理量的关系可表为 $h=\frac{k}{d}\varphi\left(\frac{v\rho d}{\mu},\frac{\mu c}{k}\right)$，$\varphi$ 是未定函数，h 定义为单位时间内人体的单位面积在人体与水的温差为 1 ℃时的热量交换[28].

3. 用量纲分析方法研究两带电平行板间的引力.板的面积为 s，间距为 d，电位差为 v，板间介质的介电常量为 ε，证明两板之间的引力 $f=\varepsilon v^2\varphi(s/d^2)$.如果又知道 f 与 s 成正比，写出 f 的表达式.这里介电常量 ε 的定义是 $f=\frac{q_1q_2}{\varepsilon d^2}$，其中 q_1,q_2 是两个点电荷的电荷量，d 是点电荷的距离，f 是点电荷间的引力[28].

6.7　评分与排名的代数模型

1. 5 支球队循环赛结束后，排名最高的 E，B 两队又比赛 2 场，结果为 85 : 84，80 : 95. 分别利用胜负场次和比分数据，建立基纳模型，重新对 5 支球队进行评分并排名.

2. 5 支球队循环赛结束后，排名最高的 E，B 两队又比赛 2 场，两队各胜一场. 用幂法计算 k 级评分向量，与题 1 的结果比较.

3. 对于 5 支球队循环赛（表 1、表 2），若 E，B 两队尚未比赛，5 支球队的进攻评分、防守评分、总评分及排名如何变化？若 E，B 两队加赛 2 场，结果为 85 : 84，80 : 95，评分及排名又如何？

6.8　等级结构

设某校每年助教、讲师和教授 3 个等级之间的转移矩阵如（16）式，目前 3 个等级人数的比例为 6 : 3 : 1.

(1) 若每年只调入助教,问 5 年后各等级人数比例是多少.

(2) 若每年调入 3 个等级的人数之比为 7 : 1 : 2,问 5 年后各等级人数比例是多少.

(3) (1)和(2)得到的 5 年后等级人数比例是否是稳定结构?

6.9 CT 系统参数标定及成像

1. 推导(12)和(13)式.

2. 根据数据文件 6-3 的数据,用代数重建方法重建图形,并与滤波反投影方法的结果进行对比.

3. 根据数据文件 6-3 的数据先进行预处理,再调用 iradon 程序重建图形,并与教材中图 9 和表 2 的结果对比.

数据文件 6-3 CT 系统参数标定及成像

训练题

1. 一老人 60 岁时将养老金 10 万元存入基金会,月利率 0.4%,他每月取 1000 元作生活费,建立差分方程模型计算他每年末尚有多少钱? 多少岁时将基金用完? 如果想用到 80 岁,60 岁时应存多少钱?

2. 在一处古篝火遗址附近发现了一个猿人头骨,考古学家确信该头骨和古篝火是同时代的.经测试确定在取自篝火的灰烬中,碳 14 的含量仅留存原来的 1%.已知碳 14 的半衰期是 5730 年.建立一个用碳 14 测定年代的模型,并用以确定古篝火遗址附近发现的猿人头骨的年代[23].

3. 某湖泊每天有 $10^4\ m^3$ 的河水流入,河水中污物浓度为 0.02 g/m^3,经渠道排水后湖泊容积保持 $200\times10^4\ m^3$ 不变,现测定湖泊中污物浓度为 0.2 g/m^3,建立模型计算湖泊中一年内逐月(每月按 30 天计)下降的污物浓度,问要多长时间才能达到环保要求的浓度 0.04 g/m^3? 为了把这个时间缩短为一年,应将河水中污物浓度降低到多少[79]?

4. 当某种药物的浓度大于 100 mg/L(有效水平)时才能治疗疾病,且最高浓度不能超过1 000 mg/L(安全水平).从实验知道该药物浓度以每小时现有量 15%的速率衰减.

(1) 建立每小时药物浓度的模型.若初始浓度为 600 mg/L,确定何时浓度达到 100 mg/L.

(2) 设计一个合适的药物处方(包括初始剂量及维持剂量和间隔).

5. 设在一个受限环境中鲸鱼的最大容量是 M,最小生存水平是 m,用 a_n 表示 n 年后的鲸鱼数量,建立关于 a_n 的差分方程模型.再设 $M=5\ 000$, $m=100$,对模型参数和初始鲸鱼数量取不同数值作计算,分析对结果的影响.

6. 斑点猫头鹰和隼在同一栖息地为生存而竞争.假定只有一个种群存在时可以无限增长,即种群增量与此时的种群数量成正比.而种群的竞争使每个种群增量的减少与两个种群的数量有关.建立猫头鹰和隼数量变化的差分方程模型,改变模型参数进行计算,分析对结果的影响.用这种模型描述的两个相互竞争种群的后果是什么,怎样改进模型才能反映现实世界中在同一栖息地只有一个种群能够生存的现象[23].

7. 据报道,某种山猫在较好、中等及较差的自然环境下,年平均增长率分别为

1.68%，0.55%和-4.50%，假定开始时有 100 只山猫，按以下情况讨论山猫数量逐年变化过程及趋势：

（1）3 种自然环境下 25 年的变化过程（作图）；

（2）如果每年捕获 3 只，会发生什么情况？山猫会灭绝吗？如果每年只捕获 1 只呢？

（3）在较差的自然环境下，如果想使山猫数量稳定在 60 只左右，每年要人工繁殖多少只[79]？

8. 在某种环境下猫头鹰的主要食物来源是田鼠，设田鼠的年平均增长率为 r_1，猫头鹰的存在引起的田鼠增长率的减少与猫头鹰的数量成正比，比例系数为 a_1；猫头鹰的年平均减少率为 r_2；田鼠的存在引起的猫头鹰减少率的增加与田鼠的数量成正比，比例系数为 a_2. 建立模型描述田鼠和猫头鹰共处时的数量变化规律，对以下情况作图给出 50 年的变化过程.

（1）设 $r_1=0.2, r_2=0.3, a_1=0.001, a_2=0.002$，开始时有 100 只田鼠和 50 只猫头鹰.

（2）r_1, r_2, a_1, a_2同上，开始时有 100 只田鼠和 200 只猫头鹰.

（3）适当改变参数 a_1, a_2（初始值同上）.

（4）求差分方程的平衡点，它们稳定吗[23]？

9. 研究将鹿群放入草场后草和鹿两种群的相互作用. 草的生长遵从离散形式 logistic 规律，年内禀增长率 0.8，最大密度为 3000（密度单位），在草最茂盛时每只鹿每年可吃掉 1.6（密度单位）的草. 若没有草，鹿群的年死亡率高达 0.9，而草的存在可使鹿的死亡得以补偿，在草最茂盛时补偿率为 1.5. 做出一些简化假设，用差分方程模型描述草和鹿两种群数量的变化过程，就以下情况进行讨论.

（1）比较将 100 只鹿放入密度为 1000 和密度为 3000 的草场两种情况.

（2）适当改变参数，观察变化趋势[79].

10. 在 6.1 节的两种还款方式下，如果将每月还款一次的办法改为每年还款一次（每年的最后一月还款），其他条件均不变，比较两种办法的还款额.

11. 考察模拟水下爆炸的比例模型. 爆炸物质量 m，在距爆炸点距离 r 处设置仪器，接收到的冲击波压强为 p，记大气初始压强 p_0，水的密度 ρ，水的体积弹性模量 k，用量纲分析方法已经得到 $p=p_0\varphi\left(\dfrac{p_0}{k},\dfrac{\rho r^3}{m}\right)$. 设模拟实验与现场的 p_0, ρ, k 相同，而爆炸物模型的质量为原型的1/1 000. 为了使实验中接收到与现场相同的压强 p，问实验时应如何设置接收冲击波的仪器，即求实验仪器与爆炸点之间的距离是现场的多少倍[28].

12. 牧场管理[26]. 有一块一定面积的草场放牧羊群，管理者要估计草场能放牧多少羊，每年保留多少母羊羔，夏季要贮存多少草供冬季之用.

为解决这些问题调查了如下的背景材料：

1）本地环境下这一品种草的日生长率为

季节	冬	春	夏	秋
日生长率/($g\cdot m^{-2}$)	0	3	7	4

2）羊的繁殖率　通常母羊每年产 1~3 只羊羔，5 岁后被卖掉. 为保持羊群的规模可以买进母羊，或者保留一定数量的母羊羔. 每只母羊的平均繁殖率为

年龄	0—1	1—2	2—3	3—4	4—5
产羊羔数	0	1.8	2.4	2.0	1.8

3）羊的存活率　不同年龄的母羊的自然存活率(指存活一年)为

年龄	1—2	2—3	3—4
存活率	0.98	0.95	0.80

4）草的需求量　母羊和羊羔在各个季节每天需要的草的数量(单位：kg)为

季节	冬	春	夏	秋
母羊	2.10	2.40	1.15	1.35
羊羔	0	1.00	1.65	0

按照以下假设建模：

(1) 只考虑羊的数量，而不管它们的体重.

(2) 母羊只在春季产羊羔，公、母羊羔各占一半，当年秋季将全部公羊羔和一部分母羊羔卖掉，以保持母羊(每个年龄的)数量不变.

13. 考察优秀影片的评分和排名. 设 n 部影片参与优秀影片的评选，有 m 位观众给他(她)看过的影片打分，由低到高打 1~5 分，未看过可不打分. 根据打分的统计结果建立模型，给出影片的评分和排名. 对于下面的 $n=4, m=10$ 的打分结果(影片 $i=1,2,3,4$，观众 $k=1,2,\cdots,10$)，求解模型并给出影片的评分和排名.

i	k									
	1	2	3	4	5	6	7	8	9	10
1	4	3	1	2		2		3		2
2	2	1		4	3	3	4	1	3	
3	2		2	2	2		1	1	2	2
4		2			5		3		5	4

习题参考解答

复习题

6.1　贷款购房

1. 略.

2. 由(6)(9)式只需证明

$$\Delta=\frac{rn(1+r)^n}{(1+r)^n-1}-\frac{2+(n+1)r}{2}=\frac{2rn(1+r)^n-[(1+r)^n-1][2+(n+1)r]}{2[(1+r)^n-1]}>0$$

等价于证明分子

$$\Delta_1=[-2+(n-1)r](1+r)^n+[2+(n+1)r]>0$$

利用 $(1+r)^n>1+r$ 即可得$\Delta_1>0$.

6.2　管住嘴迈开腿

原计划不满足.重新制定计划可以在原计划基础上提高每周吸收热量下限(原为10 000 kcal),削减每周减少量(原为 1 000 kcal),或者直接以“每周体重减少 1 kg”为条件,令 $w(k)-w(k+1)=1$,即 $w(k)=w(1)-k$ 代入模型(1),得 $c(k)=12\,000-200k$,经过10 周 $c(k)$减至下限 10 000 kcal,第 11 周(初)体重为 $w(11)=90$ kg.然后 $c(k)$保持下限,按照(5)式并以 $w(11)$为初值计算,直至 $w(11+n)\leqslant 75$ kg 为止,可得 $n=19$,经检查,满足“每周体重减少不要超过 1 kg”.

6.3　市场经济中的物价波动

1. 简单地假设 y_{k+1}由 x_{k+1}和 x_k的平均值决定,模型为

$$\begin{cases} y_{k+1}-y_0=-\alpha\left(\dfrac{x_{k+1}+x_k}{2}-x_0\right), & \alpha>0 \\ x_{k+1}-x_0=\beta(y_k-y_0), & \beta>0 \end{cases}$$

得 $2x_{k+2}+\alpha\beta x_{k+1}+\alpha\beta x_k=2(1+\alpha\beta)x_0$,与本节(8)的结果相同,平衡点稳定的条件仍为 $\alpha\beta<2$.

2. 设 x_{k+1}也由 y_k和 y_{k-1}的平均值决定,模型为

$$\begin{cases} y_{k+1}-y_0=-\alpha\left(\dfrac{x_{k+1}+x_k}{2}-x_0\right), & \alpha>0 \\ x_{k+1}-x_0=\beta\left(\dfrac{y_k+y_{k-1}}{2}-y_0\right), & \beta>0 \end{cases}$$

得 $4x_{k+3}+\alpha\beta x_{k+2}+2\alpha\beta x_{k+1}+\alpha\beta x_k=c$,$c$ 由 $\alpha,\beta,\ x_0,\ y_0$决定,其特征方程为 $4\lambda^3+\alpha\beta\lambda^2+2\alpha\beta\lambda+\alpha\beta=0$.该方程所有特征根$|\lambda|<1$ 的条件(即平衡点稳定的条件)仍为 $\alpha\beta<2$.

6.4　动物的繁殖与收获

1. 15 年后各组分别有 14 375,1 375,875 只.种群增长率是 1.5.按年龄组的稳定分布为$(1,\ 1/3,\ 1/18)^{\mathrm{T}}$.

2. (1) $h=11/19$,　$\boldsymbol{x}'=(1,1/2,1/8)^{\mathrm{T}}$,　$\boldsymbol{HLx}'=(11/8,0,0)^{\mathrm{T}}$.

(2) $h=1/3$,　$\boldsymbol{x}'=(1,1/3,1/18)^{\mathrm{T}}$,　$\boldsymbol{HLx}'=(1/2,1/6,1/36)^{\mathrm{T}}$.

6.5　信息传播

1. SI 模型的差分方程:$i_{k+1}-i_k=\lambda\ i_k(1-i_k)$,与(1)式对应;SIS 模型的差分方程:

$i_{k+1}-i_k=\lambda\, i_k(1-i_k)-\mu\, i_k$,与(7)式对应;SIR 模型的差分方程:$r_{k+1}-r_k=\mu\, r_k$,$i_{k+1}-i_k=\lambda\, i_k(1-r_k-i_k)-\mu\, i_k$,与(8),(9)式对应.

2. (1) p_k增长的上限在 665 左右,设 $N=665$.

(2) $p_{k+1}-p_k=c\,p_k(N-p_k)$.

(3) 由 $\dfrac{p_{k+1}-p_k}{p_k}=c(N-p_k)$ 用线性最小二乘估计参数 $c=0.000\ 82$.

(4) 略.

6.6 原子弹爆炸的能量估计

1. 设 $f(v,\rho,\mu,g)=0$,$[\mu]=L^{-1}MT^{-1}$,解得 $F(\pi_1,\pi_2)=0$,$\pi_1=vr^{-1/2}g^{-1/2}$,$\pi_2=r^{-3/2}\rho\mu^{-1}g^{1/2}$,于是 $v=\sqrt{rg}\,\varphi(r^{3/2}\rho g^{1/2}/\mu)$,$\varphi$ 是未定函数.

2. 设 $f(h,v,\rho,c,\mu,k,d)=0$,加入温度量纲 Θ,有 $[h]=MT^{-3}\Theta^{-1}$,$[c]=L^{-2}T^{-2}\Theta^{-1}$,$[k]=LMT^{-3}\Theta^{-1}$,解得 $F(\pi_1,\pi_2,\pi_3)=0$,$\pi_1=hk^{-1}d$,$\pi_2=v\rho d\mu^{-1}$,$\pi_3=\mu ck^{-1}$,于是 $h=\dfrac{k}{d}\varphi\left(\dfrac{v\rho d}{\mu},\dfrac{\mu c}{k}\right)$.

3. 设 $\Phi(f,s,d,v,\varepsilon)=0$,可选 Q(电荷量),L(长度),N(力)为基本量纲,$[f]=N$,$[v]=Q^{-1}LN$,$[\varepsilon]=Q^2L^{-2}N^{-1}$,解得 $F(\pi_1,\pi_2)=c$,$\pi_1=f\varepsilon^{-1}v^{-2}$,$\pi_2=sd^{-2}$,于是 $f=\varepsilon v^2\varphi(s/d^2)$.若 $f\propto s$,则 $f=\dfrac{\varepsilon sv^2}{d^2}$.

6.7 评分与排名的代数模型

1. 增加 E,B 的 2 场比赛后,在 E,B 共 3 场比赛中胜负场次比为 2:1,由(5)—(7)式定义的胜场矩阵 $\boldsymbol{A}$ 分别为

$$\boldsymbol{A}_1=\begin{pmatrix}0&0&0&1&0\\1&0&1&1&1\\1&0&0&0&1\\0&0&1&0&0\\1&2&0&1&0\end{pmatrix},\boldsymbol{A}_2=\begin{pmatrix}0&0&0&1&0\\1&0&1&1&1/3\\1&0&0&0&1\\0&0&1&0&0\\1&2/3&0&1&0\end{pmatrix},\boldsymbol{A}_3=\begin{pmatrix}1/2&1/3&1/3&2/3&1/3\\2/3&1/2&2/3&2/3&2/5\\2/3&1/3&1/2&1/3&2/3\\1/3&1/3&2/3&1/2&1/3\\2/3&3/5&1/3&2/3&1/2\end{pmatrix},$$

均为不可约矩阵. 由于 A,C,D 各赛 4 场,B,E 各赛 6 场,对矩阵 $\boldsymbol{A}_1$ 需左乘对角矩阵 $\boldsymbol{D}=\mathrm{diag}(1/4,1/6,1/4,1/4,1/6)$,由特征向量得评分向量 $\boldsymbol{r}_1=(0.074\ 8,0.280\ 7,0.218\ 4,0.127\ 8,0.298\ 2)^{\mathrm{T}}$,排名为 E,B,C,D,A,与未加赛相同.

矩阵 $\boldsymbol{A}_2$,$\boldsymbol{A}_3$ 中元素的分母已经是两队的比赛场次,可直接得评分向量 $\boldsymbol{r}_2=(0.080\ 9,0.315\ 6,0.211\ 5,0.130\ 8,0.261\ 1)^{\mathrm{T}}$,$\boldsymbol{r}_3=(0.170\ 5,0.231\ 0,0.202\ 1,0.174\ 5,0.222\ 0)^{\mathrm{T}}$,排名均为 B,E,C,D,A.

B,E 两队加赛 2 场,由(5)式定义构造比分矩阵,需在原比分矩阵中令 $a_{25}=243$,$a_{52}=259$,且将各行分别除以各队的比赛场次,用(4)式计算得评分向量 $\boldsymbol{r}_4=(0.180\ 0,0.212\ 7,0.197\ 1,0.197\ 4,0.212\ 8)^{\mathrm{T}}$,排名为 E,B,D,C,A,E,B 之间、D,C 之间的差距非常小.

2. 胜场矩阵为第 1 题 $\boldsymbol{A}_1$ 左乘对角矩阵 $\boldsymbol{D}$ =diag (1/4,1/6,1/4,1/4,1/6) 后,用幂法计算的 k 级评分向量 $\boldsymbol{r}^{(k)}$(归一化后),$\boldsymbol{r}^{(6)}$=(0.073 1,0.281 1,0.217 9,0.130 5,0.297 3)^{T},与题 1 的 $\boldsymbol{r}_1$ 相近.

3. E,B 两队尚未比赛,得分矩阵 $\boldsymbol{A}$ 左乘对角矩阵 $\boldsymbol{D}$ =diag (1/4,1/3,1/4,1/4,1/3),用式(5)计算 $\boldsymbol{f}_{(k)}$,$\boldsymbol{g}_{(k)}$,k=1,2,…,序列收敛并归一化后得到

$$\boldsymbol{f}=(0.199\,6,0.171\,6,0.234\,5,0.234\,6,0.159\,7)^{\mathrm{T}}$$
$$\boldsymbol{g}=(0.239\,9,0.119\,8,0.251\,8,0.263\,0,0.125\,5)^{\mathrm{T}}$$
$$\boldsymbol{r}=(0.155\,3,0.267\,2,0.173\,7,0.166\,4,0.237\,4)^{\mathrm{T}}$$

尚未比赛的 E,B 的进攻评分、防守评分显著减少,排名有变化,但总评分的排名未变.

E,B 两队再比赛 2 场,比分 85 : 84,80 : 95,若将 E,B 3 场比赛的比分平均后代入矩阵 $\boldsymbol{A}$,计算结果为

$$\boldsymbol{f}=(0.175\,6,0.216\,7,0.198\,2,0.200\,4,0.209\,1)^{\mathrm{T}}$$
$$\boldsymbol{g}=(0.193\,7,0.195\,8,0.202\,6,0.210\,2,0.197\,7)^{\mathrm{T}}$$
$$\boldsymbol{r}=(0.181\,2,0.221\,2,0.195\,5,0.190\,6,0.211\,4)^{\mathrm{T}}$$

与原结果相比没有多大变化,除了 A 的防守排名又有提前.

若将 E,B 3 场比赛的比分直接代入矩阵 $\boldsymbol{A}$,再左乘对角矩阵 $\boldsymbol{D}$ =diag (1/4,1/6,1/4,1/4,1/6),计算结果会如何.

6.8 等级结构

由(16)式的 Q 得 $\boldsymbol{w}$=(0.1,0.1,0.2), 已知 $\boldsymbol{a}(0)$=(0.6,0.3,0.1).

(1) $\boldsymbol{r}$=(1,0,0),按照(12)式计算得 $\boldsymbol{a}(5)$=(0.276 6, 0.316 0, 0.407 4).

(2) $\boldsymbol{r}$=(0.7,0.1,0.2),按照(12)式计算得 $\boldsymbol{a}(5)$=(0.207 9, 0.297 1, 0.495 0).

(3) 用(17)式判断(1)得到的 $\boldsymbol{a}(5)$ 不是稳定结构,(2)得到的 $\boldsymbol{a}(5)$ 是稳定结构.

6.9 CT 系统参数标定及成像

1. 记 $p=\sin\alpha$,$q=\cos\alpha$,(10)式代入(8)式得

$$\left(\frac{p^2}{a^2}+\frac{q^2}{b^2}\right)t^2+2\left(\frac{-x_0p}{a^2}+\frac{y_0q}{b^2}\right)t+\frac{x_0^2}{a^2}+\frac{y_0^2}{b^2}-1=0$$

设 t 的上述二次方程有实根,且 2 个根记为 t_1,t_2($t_1\leqslant t_2$),可得

$$t_2-t_1=\frac{2ab}{a^2q^2+b^2p^2}\sqrt{a^2q^2+b^2p^2-(x_0q+y_0p)^2}$$

代入(10)式得

$$x_2-x_1=-(t_2-t_1)\sin\alpha,\quad y_2-y_1=(t_2-t_1)\cos\alpha$$

于是射线在椭圆内截线的长度 l_1 为

$$l_1=\sqrt{(x_2-x_1)^2+(y_2-y_1)^2}=t_2-t_1$$

注意到(11)式长度 l_1 可表为

$$l_1=\frac{2ab}{a^2\cos^2\alpha+b^2\sin^2\alpha}\sqrt{a^2\cos^2\alpha+b^2\sin^2\alpha-d_0^2},\quad d_0=x_0\cos\alpha+y_0\sin\alpha$$

(10)代入(9)式得

$$t^2+2(-(x_0-c)p+y_0q)t+(x_0-c)^2+y_0^2-r^2=0$$

类似于上面的推导可得

$$l_2=t_2-t_1=2\sqrt{r^2-(c\cos\alpha-d_0)^2},\quad d_0=x_0\cos\alpha+y_0\sin\alpha$$

2. 结果相近(略).

3. 提示:考虑一个旋转中心位于正方形托盘中心的“虚拟”探测器系统,对于射线(i,j),$i=1,2,\cdots,512$,$j=1,2,\cdots,180$,由公式(14)知原点O到该射线的有向距离为$d_0=(i-256.5)h$.

假设射线(i,j)在实际的探测器系统中对应于射线(i',j)(注意旋转角度是相同的),由(15)(16)式知原点O到该射线的有向距离为

$$d_0=x_c\cos\alpha_j+y_c\sin\alpha_j+(i'-256.5)h,\quad i'=1,2,\cdots,512.$$

于是$(i-256.5)h=x_c\cos\alpha_j+y_c\sin\alpha_j+(i'-256.5)h$,即$i'=i-(x_c\cos\alpha_j+y_c\sin\alpha_j)/h$,所以

$$R'(i,j)=R(i',j)=R\left(i-\frac{(x_c\cos\alpha_j+y_c\sin\alpha_j)}{h},j\right)$$

需要注意的是,这样得到的i'一般不是整数,也不一定位于1~512. 一种比较简单的解决办法是,通过对R的数据进行插值(包括内插和外插),得到$\boldsymbol{R}'$. 再调用iradon程序的方法重建图形,结果与教材中图9和表2相近.

训练题

1. 以一月为一个时段,a_n为n个月的存款(单位:万元),则$a_n=1.004a_{n-1}-0.1$, $a_0=10.$ 70岁零8个月时将钱用完.如果想用到80岁,60岁时应存15.4万元.

2. 以5730年为一个时段,a_n为n个时段后碳14的百分比,则$a_n=a_{n-1}/2$, $a_0=1$.以$a_n=0.01$代入解出$n=6.64$,猿人头骨的年代为3.8万年.

3. 要441天才能达到要求.把这个时间缩短为一年,河水中污物浓度应为$0.008\ g/m^3$.

4. 设a_n为n小时后的药物浓度,则$a_n=(1-0.15)a_{n-1}$, $a_0=600$.以$a_n=100$代入解出$n=11(h)$.处方:初始剂量700 mg/L,维持剂量600 mg/L,间隔12 h(一天2次).

5. $a_n-a_{n-1}=k(M-a_n)(a_n-m)$.

6. 记猫头鹰和隼第n时段的数量为x_n和y_n,模型:$x_{n+1}-x_n=a_1x_n-b_1x_ny_n$, $y_{n+1}-y_n=a_2y_n-b_2x_ny_n$.用平衡点讨论两个相互竞争种群的后果.

7. (1) 略.

(2) 3种环境下捕获3只,最终会灭绝.捕获1只,较好的环境下会逐步上升,其他环境下灭绝.

(3) 2.7只.

8. 设x_k,y_k分别为田鼠和猫头鹰第k年数量,则$x_{k+1}=(1+r_1-a_1y_k)x_k$, $y_{k+1}=(1-r_2+a_2x_k)y_k$.平衡点(150,200)不稳定.

9. 设x_k,y_k分别为草和鹿第k年的数量,草的年内禀增长率为r,最大密度为N,每

只鹿每年可吃掉的草为 a，鹿群的年死亡率为 d，补偿率为 b，则 $x_{k+1}=x_k+r(1-x_k/N)x_k-a\,y_k\,x_k/N$，$y_{k+1}=(1-d+b\,x_k/N)y_k$. 平衡点(1800,600) 稳定.

10. 对于 6.1 节，记每年还款一次时贷款总额仍为 x_0，年利率为 $r'=12r$，贷款期限(年)为 $n'=n/12$. 对等额本息方式设每年还款金额为 a'，还款总额为 A_1'，由(5)式，

$$a=x_0r\frac{(1+r)^n}{(1+r)^n-1}=x_0r\left(1+\frac{1}{(1+r)^n-1}\right)$$

$$a'=x_0 12r\frac{(1+12r)^{n/12}}{(1+12r)^{n/12}-1}=x_0 12r\left(1+\frac{1}{(1+12r)^{n/12}-1}\right)$$

应比较每年还款金额 a'与 12 个月的每月还款总金额 $12a$.由(6)式，

$$A_1=x_0rn\frac{(1+r)^n}{(1+r)^n-1}=x_0rn\left(1+\frac{1}{(1+r)^n-1}\right)$$

$$A_1'=x_0rn\frac{(1+12r)^{n/12}}{(1+12r)^{n/12}-1}=x_0rn\left(1+\frac{1}{(1+12r)^{n/12}-1}\right)$$

可知为比较 a'与 $12a$，A_1'与 A_1，只需比较 $(1+12r)^{n/12}$与 $(1+r)^n$. 而 $\dfrac{(1+12r)^{n/12}}{(1+r)^n}=\left[\dfrac{1+12r}{(1+r)^{12}}\right]^{n/12}<1$，所以 $a'>12a$，$A_1'>A_1$.

对等额本金方式设第 m 年还款金额为 $x_m'(m=1,2,\cdots,n/12)$，还款总额为 A_2'，由(8)式，$x_k=\dfrac{x_0}{n}+x_0\left(1-\dfrac{k-1}{n}\right)r$，$x_m'=\dfrac{x_0}{n/12}+x_0\left(1-\dfrac{m-1}{n/12}\right)12r=\dfrac{12x_0}{n}+x_0\left(1-\dfrac{12(m-1)}{n}\right)12r$

应比较 x_m'与第 m 年 12 个月还款金额之和 $\sum\limits_{k=1}^{12}x_{12(m-1)+k}$，而

$$\sum_{k=1}^{12}x_{12(m-1)+k}=\frac{12x_0}{n}+x_0\left(12-\frac{144m-78}{n}\right)r=\frac{12x_0}{n}+x_0\left(1-\frac{12(m-13/24)}{n}\right)12r$$

可知 $x_m'>\sum\limits_{k=1}^{12}x_{12(m-1)+k}$. 由(9)式，$A_2=x_0+x_0r\dfrac{n+1}{2}$，$A_2'=x_0+x_0 12r\dfrac{n/12+1}{2}$，显然$A_2'>A_2$.

11. 原型的各物理量与模型相同的仍记为 p,p_0,k,ρ，与模型不同的记为r',m'，于是有 $p=p_0\varphi\left(\dfrac{p_0}{k},\dfrac{\rho r'^3}{m'}\right)$，可得$\dfrac{r'^3}{m'}=\dfrac{r^3}{m}$，即 $r=\sqrt[3]{\dfrac{m}{m'}}r'=\sqrt[3]{\dfrac{1}{1\,000}}\cdot r'=\dfrac{1}{10}r'$.实验仪器与爆炸点的距离应是实际现场的 1/10.

12. 用 $\boldsymbol{x}=(x_1,x_2,x_3,x_4,x_5)^{\mathrm{T}}$ 表示母羊按年龄(0—1,1—2,⋯,4—5)的分布向量，其中 x_1 是羊羔(包括公、母)数量，由母羊的繁殖率和存活率可得种群数量的转移矩阵为

$$\boldsymbol{P}=\begin{pmatrix}0&1.8&2.4&2.0&1.8\\q&0&0&0&0\\0&0.98&0&0&0\\0&0&0.95&0&0\\0&0&0&0.80&0\end{pmatrix}$$

其中空白处为 0，q 是 0—1 岁(即羊羔)的存活率，可以控制.为保持母羊(每个年龄的)

数量不变,需满足$\boldsymbol{x}=\boldsymbol{P}\boldsymbol{x}$,由此可得 $q=0.136$,即要卖掉全部公羊羔和 72.8%的母羊羔(因为假设公、母羊羔各占一半).设母羊总数为 N,有 $\boldsymbol{x}=N(0.668,0.091,0.089,0.085,0.067)^{\mathrm{T}}$.可知当 N 不变时每年产羊羔数量为 $0.668N$,秋冬季存活的母羊数量为 $0.332N$.

设草场面积为 S(单位:m^2),根据各个季节草的需求量(单位:kg)和生长率,应有:

冬季 $2.1\times0.332N=0.697N$

春季 $0.668N+2.4\times0.332N=1.465N<0.003S$

夏季 $1.65\times0.668N+1.15\times0.332N=1.484N<0.007S$

秋季 $1.35\times0.332N=0.448N<0.004S$

可以算出,只要春季满足 $N/S<0.002\,05$(只/m^2),夏季和秋季都不成问题.若夏季贮存草 y($\mathrm{kg/m}^2$),保存到冬季用,则需有 $1.484N/S<0.007-y$,其中 N/S 以春季需满足的数值代入,可得 $y<0.003\,9$ ($\mathrm{kg/m}^2$),而冬季的需求量是$0.697\times0.002\,05=0.001\,4$ ($\mathrm{kg/m}^2$),故夏季的贮存足够冬季之用.

13. 给出一种建模方法:记 C_{ij}为给影片 i,j 都打过分的观众集合($i,j=1,2,\cdots,n$, $i\neq j$),c_{ij}是 C_{ij}中的观众人数,w_{ik}是观众 k 给影片 i 的打分,设得分矩阵$\boldsymbol{A}=(a_{ij})_{n*n}$,其中

$$a_{ij}=\begin{cases}\dfrac{1}{c_{ij}}\sum\limits_{k\in C_{ij}}w_{ik}, & c_{ij}\neq0\\ 0, & c_{ij}=0\end{cases}$$

对于 $n=4,m=10$ 的打分结果有

$$\boldsymbol{A}=\begin{pmatrix}0 & 14/5 & 12/5 & 5/2\\ 11/5 & 0 & 17/6 & 11/4\\ 9/5 & 10/6 & 0 & 7/4\\ 6/2 & 15/4 & 17/4 & 0\end{pmatrix}$$

$\boldsymbol{A}$ 是不可约矩阵,按照基纳模型得到评分向量 $\boldsymbol{r}=[0.2492,0.2501,0.1832,0.3175]^{\mathrm{T}}$,影片排名为 4,2,1,3.

第 7 章　离散模型

复习题

7.1　汽车选购

1. 在表 1 汽车采购的原始权重中，对价格 X_1 采用一个大数减去原属性值的方法（如果买车的心理价位是 30 万元，用它减去 X_1 相当于节省的钱），化为效益型. 按照本节的方法，得出标准化决策矩阵、属性权重及表 3 那样的最终结果.

2. 选择战斗机. 待测评或购买的战斗机有 4 种备选型号 A_1,A_2,A_3,A_4，已确定的属性为：最高速度 X_1（马赫）、航程 X_2（10^3 n mile）、最大载荷 X_3（10^3 lb）、价格 X_4（10^6 美元）、可靠性 X_5、机动性 X_6. 4 种战斗机对 6 个属性的定量取值或定性表述如下表[27].

备选方案	属性					
	X_1	X_2	X_3	X_4	X_5	X_6
A_1	2.0	1.5	20	5.5	中	很高
A_2	2.5	2.7	18	6.5	低	中
A_3	1.8	2.0	21	4.5	高	高
A_4	2.2	1.8	20	5.0	中	中

根据以下要求确定最终决策（优劣排序和数值结果）：

（1）对属性 X_5,X_6 的定性表述给以定量化，对“很高”“高”“中”“低”“很低”分别给以分值 9,7,5,3,1，或者分别给以分值 5,4,3,2,1.

（2）属性权重主观地给定为 0.2,0.1,0.1,0.1,0.2,0.3，或者对决策矩阵用信息熵方法得到.

（3）对决策矩阵归一化、最大化、模一化.

（4）用加权和法、加权积法、TOPSIS 方法计算方案对目标的权重.

7.2　职员晋升

1. 层次分析法在实际应用时，可以用成对比较矩阵 $\boldsymbol{A}$ 的列向量的平均值近似代替特征向量，称为和法，其步骤是：先将 $\boldsymbol{A}$ 的每一列向量归一化，按行求和后再归一化，得到的 $\boldsymbol{w}=(w_1,w_2,\cdots,w_n)^{\mathrm{T}}$ 即为近似特征向量，并将 $\dfrac{1}{n}\sum\limits_{i=1}^{n}\dfrac{(\boldsymbol{A}\boldsymbol{w})_i}{w_i}$ 作为近似最大特征根.

设 $\boldsymbol{A}=\begin{pmatrix}1 & 2 & 6\\ 1/2 & 1 & 4\\ 1/6 & 1/4 & 1\end{pmatrix}$，用和法计算近似特征向量和近似最大特征根，并与精确值比较.

2. 以选择旅游地为目标的层次结构图如右图，景色、费用等 5 个准则构成准则层，

P_1,P_2,P_3,3 个旅游地构成方案层.已知准则对目标的成对比较矩阵

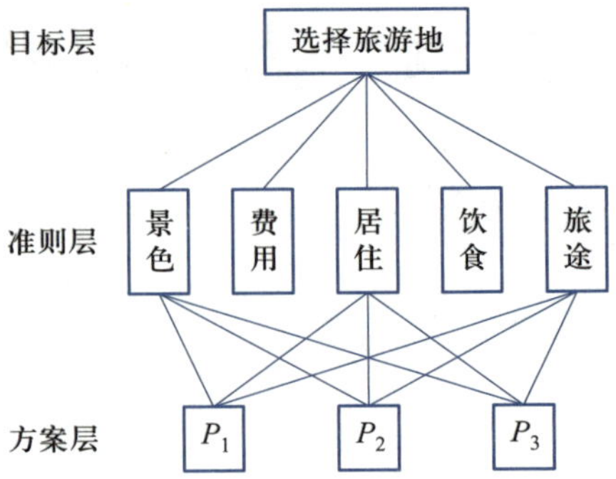

$$A=\begin{pmatrix}1 & 1/2 & 4 & 3 & 3\\ 2 & 1 & 7 & 5 & 5\\ 1/4 & 1/7 & 1 & 1/2 & 1/3\\ 1/3 & 1/5 & 2 & 1 & 1\\ 1/3 & 1/5 & 3 & 1 & 1\end{pmatrix}$$

及方案对 5 个准则的成对比较矩阵

$$B_1=\begin{pmatrix}1 & 2 & 5\\ 1/2 & 1 & 2\\ 1/5 & 1/2 & 1\end{pmatrix},\quad B_2=\begin{pmatrix}1 & 1/3 & 1/8\\ 3 & 1 & 1/3\\ 8 & 3 & 1\end{pmatrix},\quad B_3=\begin{pmatrix}1 & 1 & 3\\ 1 & 1 & 3\\ 1/3 & 1/3 & 1\end{pmatrix}$$

$$B_4=\begin{pmatrix}1 & 3 & 4\\ 1/3 & 1 & 1\\ 1/4 & 1 & 1\end{pmatrix},\quad B_5=\begin{pmatrix}1 & 1 & 1/4\\ 1 & 1 & 1/4\\ 4 & 4 & 1\end{pmatrix}$$

(1) 计算各个成对比较矩阵的特征向量,作一致性检验,确定权向量.

(2) 计算方案对目标的综合权重,确定用层次分析法选择的旅游地.

3. 证明层次分析模型中定义的 n 阶一致矩阵 $\boldsymbol{A}$ 有下列性质:

(1) $\boldsymbol{A}$ 的秩为 1,唯一非零特征根为 n.

(2) $\boldsymbol{A}$ 的任一列向量都是对应于 n 的特征向量.

7.3 厂房新建还是改建

一家公司的管理层打算为扩大产品市场而建造新厂房,现有建造大厂房和小厂房两种方案,对未来市场需求有高、中、低 3 种状态,3 种状态出现的概率及每个方案在各种状态下的收益(单位:万元)如下表[23].利用期望值准则和决策树方法确定最优方案,并讨论高需求概率的变化对决策的影响.

方案	状态		
	高需求 ($p=0.25$)	中需求 ($p=0.4$)	低需求 ($p=0.35$)
大厂房	20	10	-12
小厂房	9	7.5	-2

7.4 公平的席位分配

1. 验证表 3 用 5 种除数法得到的结果.

2. 证明主要分数法(MF)给出了 $\min\sum_{i=1}^{m}p_i\left(\dfrac{n_i}{p_i}-\dfrac{N}{P}\right)^2$ 的解.

7.5 存在公平的选举吗

1. 19 位选民对 4 位候选人的投票结果如下表.

票数	7	5	4	3
第 1 名	B	D	C	A
第 2 名	A	C	D	C
第 3 名	D	A	A	D
第 4 名	C	B	B	B

（1）分别用简单多数法、单轮决胜法、系列决胜法、Coombs 法和 Borda 计数法确定获胜者.

（2）对于本题,前 4 种方法的结果违反多数票准则、获胜者准则、失败者准则吗?若是,哪种方法违反?若不是,做出解释.

（3）假定 C 退出选举,选民对其他 3 位候选人的偏爱不变,重新用 Borda 计数法确定获胜者.这两个选举结果违反独立性准则、单调性准则吗?做出解释.

2. 下表是本节已经说明的 5 种选举方法满足/违反 5 条公平性准则的情况,试尽可能完成表格("满足"需说明理由,"违反"需举出例子).

	多数票准则	获胜者准则	失败者准则	独立性准则	单调性准则
简单多数法	满足	违反	违反		满足
单轮决胜法	满足	违反			违反
系列决胜法	满足	违反		违反	违反
Coombs 法					
Borda 计数法	违反				满足

7.6　价格指数

1. 验证价格指数 I_2 满足公理 7 以外的其余公理;而且当条件(16)式成立时它也满足公理 7.

2. 验证价格指数 I_8 满足公理 1—5,但不满足公理 6—8.

训练题

1. 奖学金申请.6 位大学毕业生申请某校的研究生奖学金,该校决定考察申请者的 5 项指标:X_1 ~ GRE,X_2 ~ GPA,X_3 ~ 毕业学校等级分,X_4 ~ 推荐书等级分,X_5 ~ 面试等级分.5 项指标的权重及申请者的考查结果如下表,其中 X_1 满分 800,X_2 满分 4.0,其余为 10 点尺度(10 点最优).用加权和法、加权积法、TOPSIS 方法计算,如给 3 位学生奖学金,应给哪 3 位?[73]

指标权重		X_1 $w_1=0.3$	X_2 $w_2=0.2$	X_3 $w_3=0.2$	X_4 $w_4=0.15$	X_5 $w_5=0.15$
申请者	A	690	3.1	9	7	4
	B	590	3.9	7	6	10
	C	600	3.6	8	8	7
	D	620	3.8	7	10	6
	E	700	2.8	10	4	6
	F	650	4.0	6	9	8

2. 利用多属性决策和层次分析法从以下问题中选一两个完成建模过程(简单地给出模型结构、收集数据手段、计算方法和步骤等,或者详细地利用数据、得出结果):

(1) 学校评选优秀学生或优秀班级.

(2) 大学毕业生选择工作岗位.

(3) 民众评选优秀电影、电视剧或优秀运动员.

(4) 民众评选宜居城市.

3. 为减少层次分析法中的主观成分,可请若干专家每人构造成对比较矩阵.试给出一种由若干个成对比较矩阵确定权向量的方法.

4. 用另一种方法构造成对比较矩阵 $\boldsymbol{A}=(a_{ij})$, a_{ij}表示因素 C_i 与 C_j 的影响之差, $a_{ji}=-a_{ij}$,于是 $\boldsymbol{A}$ 为反称矩阵,并且,当 $a_{ik}+a_{kj}=a_{ij}(i,k,j=1,2,\cdots,n)$时 $\boldsymbol{A}$ 是一致矩阵.规定权向量 $\boldsymbol{w}=(w_1,w_2,\cdots,w_n)^{\mathrm{T}}$ 应满足 $\sum\limits_{i=1}^{n} w_i=0$, a_{ij}可记作 $a_{ij}=(w_i-w_j)+\varepsilon_{ij}$(对一致矩阵 $\varepsilon_{ij}=0$).试给出一种由 $\boldsymbol{A}$ 确定权向量 $\boldsymbol{w}$ 的方法.与 1-9 尺度对应,这里用 0-8 尺度,即 a_{ij}取值范围是 0, 1,…, 8 及-1,…, -8.

5. 一家向全国播送节目的地方电视台得到 150 万元投资,准备将新节目推向市场,有 3 种方案:

(1) 在当地试播新节目并作市场调查,根据调查结果决定,将新节目推向全国还是取消新节目.

(2) 不进行试播,直接将新节目推向全国.

(3) 不进行试播,也不推向全国.

在直接推向全国的情况下,电视台估计有 55%的可能成功,45%的可能失败,如果成功,将得到 300 万元的收益;如果失败,损失 100 万元.

在当地试播进行市场调查的费用为 30 万元,有 60%的概率预测乐观结果(新节目在当地成功),40%的概率预测悲观结果(在当地失败).如果预测当地成功,有 85%的概率推向全国成功;如果预测当地失败,有 10%的概率推向全国成功.利用期望值准则和决策树方法为电视台确定最优方案[23].

6. 一台机器生产零件每批 1 000 个,次品率的概率分布如下表.若一个次品未被检出,损失费 5 元.如添置一套检验装置,每批零件检验费 350 元,可将次品自动检出.从费用期望值最小角度出发,是否应该添置检验装置? 如果对零件作一次抽样检查,10 个零件中发现 1 个次品,通过修正先验概率,重新考虑添置检验装置的决策(参考更多案例 7-2 社会经济系统中的冲量过程模型).

次品率	0.01	0.05	0.10	0.15
概率	0.2	0.4	0.3	0.1

7. 份额法 QM 可简述如下：定义第 i 方分配第 $s+1$ 席位"合格"是指 $n_i < q_i = (s+1)\frac{p_i}{P}$，即不违反份额性的上限，记 $E(n,s+1)=\{$第 i 方分配第$s+1$席位合格，$i=1,2,\cdots,m\}$，当总席位为 s 时第 i 方的席位分配记作 $n_i=f_i(\boldsymbol{p},s)$，且有$f_i(\boldsymbol{p},0)=0$，让 s 每次1席地递增，若对于所有 $i\in E(n,s+1)$ 及某个 k 有$\frac{p_k}{n_k+1}\geq\frac{p_i}{n_i+1}$，则令 $f_k(\boldsymbol{p},s+1)=n_k+1$，$f_i(\boldsymbol{p},s+1)=n_i(i\neq k)$.

现有 5 方人口分别为5 117，4 400，162，161，160，试分别用 5 种除数法及 GR 和 QM 分配总共 100 个席位.

份额法不满足人口单调性，你能举出例子吗？

8. 已知 A，B，C，D 的人口 p_i 如下表第 2 列，分配 35 个席位，算出份额 q_i 如下表第 3 列.验证按照 MF 和 EP 法分配的结果如下表第 4 列，不满足份额性.如果从 B 拿出 1 席给 D，以满足份额性，验证当 A，B，C，D 的人口由 p_i 变成 p'_i（下表第 5 列）时，将违反人口单调性.

	p_i	q_i	MF，EP	p'_i
A	70 653	1. 552	2	86 228
B	117 404	2. 579	3	113 908
C	210 923	4. 633	5	232 778
D	1 194 456	26. 236	25	1 160 522
总和	1 593 436	35	35	1 593 436

9. 构造一个有 5 位候选人的投票，使得按照 5 种投票方法确定的获胜者是这 5 位候选人中的同一个人；再构造一个投票，使得 5 位获胜者正好分别是这 5 位候选人.

10. 下面的选举方法称为成对比较法：第一对候选人进行两两对决，按照多数票规则决定获胜者，并赋予 1 分（若二人平手各得 0.5 分），全部对决结束后，总分最高的为获胜者.

（1）考察 7.5 节选举喜爱球队的投票结果，用成对比较法确定获胜者.

（2）说明成对比较法满足多数票准则、获胜者准则、失败者准则.

11. 赞成投票被很多人认为是最简单、实用的选举方法：每位选民可以对任意多的候选人投赞成票，获得最多赞成票的候选人获胜.在现实生活中找一个按照赞成投票方法确定获胜者的例子，写出简述.研究这种方法满足还是违反 5 条公平性准则.

12. 在定义价格指数时如何构造权重 $\boldsymbol{q}$ 和 $\boldsymbol{q}^0$ 是关键之一，你认为应该如何确定权重.当然，你也可以定义不同于 $I_1\sim I_8$ 的价格指数，并说明其含义和性质.

13. 选择工作岗位主要考虑发展前景和当前报酬 2 个指标，某人有 3 个岗位 A_1，A_2，A_3可选，权重 w_j及原始分 d_{ij}如下表.

	发展前景 $X_1(w_1=0.6)$	当前报酬 $X_2(w_2=0.4)$
A_1	4	1
A_2	1	5
A_3	2	2

(1) 分别用理想模式(最大化)和分配模式(归一化)计算 3 个岗位的综合权重,给出优劣排序.

(2) 增加一个新的岗 A_4,其发展前景和当前报酬都与 A_1 相同,再用理想模式和分配模式计算,原岗位 A_1,A_2,A_3 的排序是保持不变,还是发生逆转?

(3) 如果增加的新岗位是 A_4',其发展前景比其他岗位都好,如下表,用理想模式计算,原岗位的排序也会逆转吗? 如果允许新方案的权重大于 1(原方案的最大权重仍为 1)呢?

	发展前景 $X_1(w_1=0.6)$	当前报酬 $X_2(w_2=0.4)$
A_1	4	1
A_2	1	5
A_3	2	2
A_4'	6	1

从以上的讨论,你能得出什么结论?

习题参考解答

复习题

7.1 汽车选购

1. 属性权重为(0.740 4,0.183 0,0.076 5),最终结果如下表.

方案	方法			
	加权和(R 归一化)	加权和(R 最大化)	加权积	TOPSIS
A_1	0.212 4	0.224 3	0.196 6	0.079 5
A_2	0.343 1	0.343 5	0.359 1	0.349 9
A_3	0.444 5	0.432 3	0.444 3	0.570 6

2. 对分值 9,7,5,3,1,属性权重 0.2,0.1,0.1,0.1,0.2,0.3, 加权和法、加权积法得到

的方案排序是 A_3，A_1，A_4，A_2，TOPSIS 方法得到的方案排序是 A_1，A_3，A_4，A_2.

7.2　职员晋升

1. 近似特征向量 $\boldsymbol{w}=(0.587,0.324,0.089)^{\mathrm{T}}$，近似最大特征根 3.009.

2. (1) 成对比较阵的特征向量及一致性检验见下表，确定 $\boldsymbol{w}_j^{(3)}$ $(j=1\sim5)$ 及 $\boldsymbol{w}^{(2)}$ 为权向量.

j	1	2	3	4	5	$\boldsymbol{w}^{(2)}$
	0.595	0.082	0.429	0.633	0.166	0.263
	0.277	0.236	0.429	0.193	0.166	0.476
	0.129	0.682	0.142	0.175	0.668	0.055
$w_j^{(3)}$						0.099
						0.110
λ_j	3.005	3.002	3.000	3.009	3.000	
CI_j	0.003	0.001	0	0.005	0	

(2) 综合权重 $\boldsymbol{w}^{(2)}=(0.300,0.246,0.456)$，选择的旅游地为 P_3.

3. (1) 由(2)式得，对任意 2 列 i，j，有 $\dfrac{a_{ik}}{a_{jk}}=a_{ij}(k=1,2,\cdots,n)$，即 i 列与 j 列对应分量成比例$(i,j=1,2,\cdots,n)$，故 $\boldsymbol{A}$ 秩为 1.

因为任意矩阵的特征根之和等于其对角元素之和，$\boldsymbol{A}$ 的对角元素之和为$n(a_{ii}=1)$，而秩为 1 的阵 $\boldsymbol{A}$ 只有一个非零的特征根，故这个根是 n.

(2) 特征向量$(x_1,x_2,\cdots,x_n)^{\mathrm{T}}$ 满足 $\sum\limits_{j=1}^{n} a_{ij}x_j=nx_i,i=1,2,\cdots,n$.将 $\boldsymbol{A}$ 的任一列向量$(a_{1k},\cdots,a_{nk})^{\mathrm{T}}$代入，有 $\sum\limits_{j=1}^{n} a_{ij}a_{jk}=\sum\limits_{j=1}^{n} a_{ik}=na_{ik},i,k=1,2,\cdots,n$，所以它是特征向量.

7.3　厂房新建还是改建

决策树从略.大厂房和小厂房两种方案的期望值分别为 4.8 万元和 4.55 万元，最优决策是建大厂房.当高需求概率降到 0.22 以下(中需求概率提高)时决策将改变.

7.4　公平的席位分配

1. 从教材表 3 中 q_i 的数值可在各方先得 1 席的基础上分配，表 1 中/左边数字是各方的 p_i 除以 $n(=2,3,\cdots)$.用 SD 按照 p/n 的大小从第 6 席到第 26 席分配结果在下表中/右边(如第 6 席给 A，第 10 席给 B).

p_i		2	3	4	5	6	7	8	9
A	9 061	4 530/6	3 020/9	2 265/12	1 812/15	1 510/16	1 294/20	1 132/23	1 007/26
B	7 179	3 589/7	2 393/10	1 794/14	1 435/17	1 196/21	1 025/24		
C	5 259	2 629/8	1 753/13	1 314/18	1 051/22				
D	3 319	1 659/11	1 106/19						
E	1 182	591/25							

用 GD 按照 $p/(n+1)$ 的大小从第 6 席到第 26 席分配结果在下表中/右边.

p_i		2	3	4	5	6	7	8	9	10
A	9 061	4 530/6	3 020/8	2 265/11	1 812/12	1 510/16	1 294/19	1 132/21	1 007/25	906/26
B	7 179	3 589/7	2 393/10	1 794/13	1 435/17	1 196/20	1 025/24	897		
C	5 259	2 629/9	1 753/14	1 314/18	1 051/23	877				
D	3 319	1 659/15	1 106/22	830						
E	1 182	591								

比较两个表的分配进程,"SD 偏向 p_i 较小的,GD 偏向 p_i 较大的"这种倾向十分明显.其他 3 种方法的分配过程类似.

2. 提示:相当于 $\min\sum_{i=1}^{m} n_i^2/p_i$,若 $n_1,n_2,\cdots,n_m$ 是它的解,则对任意 i,j,有 $(n_i-1)^2/p_i+(n_j+1)^2/p_j\geqslant n_i^2/p_i+n_j^2/p_j$,由此可得 $p_i/(n_i-1/2)\geqslant p_j/(n_j+1/2)$,与 min - max 不等式(10) 等价.

7.5 存在公平的选举吗

1. (1) 5 种方法的获胜者分别是 B,D,C,D,D.

(2) 前 4 种方法的结果都不违反多数票准则,都违反获胜者准则,简单多数法违反失败者准则.

(3) 获胜者是 A.违反独立性准则,不违反单调性准则.

2. 略.

7.6 价格指数

1. $I_2(\boldsymbol{p},\boldsymbol{q}\mid\boldsymbol{p}^0,\boldsymbol{q}^0)=\dfrac{\boldsymbol{pq}}{\boldsymbol{p}^0\boldsymbol{q}}=\dfrac{\sum_i p_iq_i}{\sum_i p_i^0q_i}$,容易直接验证,满足公理 1,2,3,5,6,8.

对于公理 4:记 $m=\min_i\dfrac{p_i}{p_i^0}$,$M=\max_i\dfrac{p_i}{p_i^0}$,则 $mp_i^0\leqslant p_i\leqslant Mp_i^0(i=1,2,\cdots,n)$,即 $m\boldsymbol{p}^0\leqslant\boldsymbol{p}\leqslant$

$M\boldsymbol{p}^0$. 于是 $m\boldsymbol{p}^0\boldsymbol{q}\leqslant \boldsymbol{p}\boldsymbol{q}\leqslant M\boldsymbol{p}^0\boldsymbol{q}$，即 $m\leqslant \dfrac{\boldsymbol{p}\boldsymbol{q}}{\boldsymbol{p}^0\boldsymbol{q}}\leqslant M$.

对于公理 7：$\dfrac{\dfrac{\tilde{\boldsymbol{p}}\cdot\tilde{\boldsymbol{q}}}{\boldsymbol{p}^0\tilde{\boldsymbol{q}}}}{\dfrac{\boldsymbol{p}\boldsymbol{q}}{\boldsymbol{p}^0\boldsymbol{q}}}=\dfrac{\dfrac{\tilde{\boldsymbol{p}}\tilde{\boldsymbol{q}}}{\bar{\boldsymbol{p}}^0\tilde{\boldsymbol{q}}}}{\dfrac{\boldsymbol{p}\boldsymbol{q}}{\bar{\boldsymbol{p}}^0\boldsymbol{q}}}=\dfrac{\boldsymbol{p}^0\boldsymbol{q}}{\boldsymbol{p}^0\tilde{\boldsymbol{q}}}=\dfrac{\bar{\boldsymbol{p}}^0\boldsymbol{q}}{\bar{\boldsymbol{p}}^0\tilde{\boldsymbol{q}}}$，在(16)式 $\bar{\boldsymbol{p}}^0=k\boldsymbol{p}^0$ 下成立.

2. $I_8(\boldsymbol{p},\boldsymbol{q}\mid \boldsymbol{p}^0,\boldsymbol{q}^0)=\prod_i\left(\dfrac{p_i}{p_i^0}\right)^{r_i}$，$r_i=\dfrac{q_i}{\sum_j q_j}$，易知 $\sum_i r_i=1$，可直接验证满足公理 1~5.

对于公理 6：$I(\boldsymbol{\Lambda}\boldsymbol{p},\boldsymbol{\Lambda}^{-1}\boldsymbol{q}\mid \boldsymbol{\Lambda}\boldsymbol{p}^0,\boldsymbol{\Lambda}^{-1}\boldsymbol{q}^0)=\prod_i\left(\dfrac{\lambda_i p_i}{\lambda_i p_i^0}\right)^{r_i'}=\prod_i\left(\dfrac{p_i}{p_i^0}\right)^{r_i'}$，$r_i'=\dfrac{q_i/\lambda_i}{\sum_j q_j/\lambda_j}$，显然，对于任意的 $\lambda_i>0$，$r_i'\neq r_i$，故 $I(\boldsymbol{\Lambda}\boldsymbol{p},\boldsymbol{\Lambda}^{-1}\boldsymbol{q}\mid \boldsymbol{\Lambda}\boldsymbol{p}^0,\boldsymbol{\Lambda}^{-1}\boldsymbol{q}^0)\neq I(\boldsymbol{p},\boldsymbol{q}\mid \boldsymbol{p}^0,\boldsymbol{q}^0)$.

对于公理 7：$\dfrac{I(\tilde{\boldsymbol{p}},\tilde{\boldsymbol{q}}\mid \boldsymbol{p}^0,\boldsymbol{q}^0)}{I(\boldsymbol{p},\boldsymbol{q}\mid \boldsymbol{p}^0,\boldsymbol{q}^0)}=\dfrac{\prod_i\left(\dfrac{\tilde{p}_i}{p_i^0}\right)^{\tilde{r}_i}}{\prod_i\left(\dfrac{p_i}{p_i^0}\right)^{r_i}}$，$\dfrac{I(\tilde{\boldsymbol{p}},\tilde{\boldsymbol{q}}\mid \bar{\boldsymbol{p}}^0,\bar{\boldsymbol{q}}^0)}{I(\boldsymbol{p},\boldsymbol{q}\mid \bar{\boldsymbol{p}}^0,\bar{\boldsymbol{q}}^0)}=\dfrac{\prod_i\left(\dfrac{\tilde{p}_i}{\bar{p}_i^0}\right)^{\tilde{r}_i}}{\prod_i\left(\dfrac{p_i}{\bar{p}_i^0}\right)^{r_i}}$，其中 $\tilde{r}_i=\dfrac{\tilde{q}_i}{\sum_j\tilde{q}_j}$，$r_i=\dfrac{q_i}{\sum_j q_j}$. 公理成立的条件是 $\prod_i\dfrac{(p_i^0)^{r_i}}{(p_i^0)^{\tilde{r}_i}}=\prod_i\dfrac{(\bar{p}_i^0)^{r_i}}{(\bar{p}_i^0)^{\tilde{r}_i}}$，即 $\prod_i\left(\dfrac{p_i^0}{\bar{p}_i^0}\right)^{r_i}=\prod_i\left(\dfrac{p_i^0}{\bar{p}_i^0}\right)^{\tilde{r}_i}$. 而由于 $q_i,\tilde{q}_i$ 的任意性，上述条件不成立.

因为显然有 $\lim\limits_{p_i\to 0}(\boldsymbol{p},\boldsymbol{q}\mid \boldsymbol{p}^0,\boldsymbol{q}^0)=0$，公理 8 不成立.

训练题

1. 综合 3 种方法，前 3 位排序为 F，D，B.

2. 略.

3. 设有 s 个专家的成对比较矩阵 $\boldsymbol{A}^{(k)}=(a_{ij}^{(k)})$ $(k=1,2,\cdots,s)$，要给出综合的权向量 $\boldsymbol{w}=(w_1,w_2,\cdots,w_n)$，方法很多，如

方法一：由 $\boldsymbol{A}^{(k)}$ 求出权向量 $\boldsymbol{w}^{(k)}=(w_1^{(k)},w_2^{(k)},\cdots,w_n^{(k)})$. 再求几何平均值 $\tilde{w}_i$：$\tilde{w}_i=\prod_{k=1}^{s}(w_i^{(k)})^{\lambda_k}(i=1,2,\cdots,n)$，$\lambda_k$ 是第 k 个专家的加权因子，满足 $\sum_{k=1}^{s}\lambda_k=1$. 最后归一化为 $w_i=\dfrac{\tilde{w}_i}{\sum_{i=1}^{n}\tilde{w}_i}$.

方法二：先取 $a_{ij}^{(k)}$ 的几何平均，得到综合的成对比较阵 $\boldsymbol{A}=(a_{ij})_{n\times n}$，$a_{ij}=\prod_{k=1}^{s}(a_{ij}^{(k)})^{\lambda_k}(i,j=1,2,\cdots,n)$，$\lambda_k$ 同上，再由 $\boldsymbol{A}$ 计算权向量 $\boldsymbol{w}$.

4. 由 $a_{ij}=w_i-w_j+\varepsilon_{ij}(i,j=1,2,\cdots,n)$,共 n^2个方程,要确定 w_i,ε_{ij}共 n^2+n 个未知数,需增加 n 个方程.上式对 j 求和得

$$\sum_{j=1}^{n} a_{ij} = nw_i - \sum_{j=1}^{n} w_j + \sum_{j=1}^{n} \varepsilon_{ij} \qquad (i=1,\cdots,n) \tag{1}$$

令

$$\lambda = \sum_{j=1}^{n} \varepsilon_{ij} \qquad (i=1,\cdots,n) \tag{2}$$

注意到 $\sum_{i=1}^{n} w_i = 0$,并将(1)式再对 i 求和,可得

$$\lambda = \frac{1}{n} \sum_{i=1}^{n} \sum_{j=1}^{n} a_{ij} \tag{3}$$

(2)(3)式代入(1)则得

$$w_i = \frac{1}{n} \sum_{j=1}^{n} a_{ij} - \frac{1}{n^2} \sum_{i=1}^{n} \sum_{j=1}^{n} a_{ij} \qquad (i=1,2,\cdots,n) \tag{4}$$

对于一致阵有 $\lambda=0, w_i=\frac{1}{n}\sum_{j=1}^{n} a_{ij}$.不一致程度可用 λ/n 衡量.

5. 最优方案是不进行试播,直接将新节目推向全国,期望值为 270 万元.

6. 不添置检验装置的费用期望值为 335 元,小于检验费 350 元,应不添置.抽样检查后用后验概率计算,不添置的费用期望值为 395 元,应添置.

7. 见下表.

i	p_i	q_i	GR	GD	MF	EP	HM	SD	QM
1	5 117	51.17	51	52	51	51	51	51	52
2	4 400	44.00	44	45	43	43	43	43	44
3	162	1.62	2	1	2	2	2	2	2
4	161	1.61	2	1	2	2	2	2	1
5	160	1.60	1	1	2	2	2	2	1
总和	10 000	100	100	100	100	100	100	100	100

8. 如果从 B 拿出 1 席给 D,则 A, B, C, D 按照 MF 和 EP 法分配的结果为 2,2,5,26,满足份额性.当人口由 $\boldsymbol{p}$ 变成 $\boldsymbol{p}'$时,可算出 A, B, C, D 按照 MF 和 EP 法分配的结果为 2,3,5,25,B 增 1 席,D 减 1 席,但是 $p_2'/p_4'=0.098\ 15<p_2/p_4=0.098\ 29$,违反人口单调性.

9. 略.

10. (1) D.

(2) 略.

11. 略.

12. 构造权重 $\boldsymbol{q}$ 和 $\boldsymbol{q}^0$,可以根据各种商品的销售量(以金额计),或者根据在居民日常支出中的比重.

13. (1) 见表 1.

表 1　工作选择用 2 种模式计算的结果

	理想模式			分配模式		
	$X_1(w_1=0.6)$	$X_2(w_2=0.4)$	综合权重	$X_1(w_1=0.6)$	$X_2(w_2=0.4)$	综合权重
A_1	1.000 0	0.200 0	0.680 0	0.571 4	0.125 0	0.392 9
A_2	0.250 0	1.000 0	0.550 0	0.142 9	0.625 0	0.335 7
A_3	0.500 0	0.400 0	0.460 0	0.285 7	0.250 0	0.271 4

两种模式得到的优劣排序都是 A_1, A_2, A_3.

(2) 见表 2.

表 2　工作选择增加 A_4 后用 2 种模式计算的结果

	理想模式			分配模式		
	$X_1(w_1=0.6)$	$X_2(w_2=0.4)$	综合权重	$X_1(w_1=0.6)$	$X_2(w_2=0.4)$	综合权重
A_1	1.000 0	0.200 0	0.680 0	0.363 6	0.111 1	0.262 6
A_2	0.250 0	1.000 0	0.550 0	0.090 9	0.555 6	0.276 8
A_3	0.500 0	0.400 0	0.460 0	0.181 8	0.222 2	0.198 0
A_4	1.000 0	0.200 0	0.680 0	0.363 6	0.111 1	0.262 6

对于原岗位 A_1,A_2,理想模式的结果仍是 A_1优于 A_2,排序保持;分配模式的结果却变为 A_2优于 A_1,排序发生逆转.

(3) 见表 3.

表 3　工作选择增加 A_4' 后用理想模式计算的结果

	理想模式			理想模式(允许权重>1)		
	$X_1(w_1=0.6)$	$X_2(w_2=0.4)$	综合权重	$X_1(w_1=0.6)$	$X_2(w_2=0.4)$	综合权重
A_1	0.666 7	0.200 0	0.480 0	1.000 0	0.200 0	0.680 0
A_2	0.166 7	1.000 0	0.500 0	0.250 0	1.000 0	0.550 0
A_3	0.333 3	0.400 0	0.360 0	0.500 0	0.400 0	0.460 0
A_4'	1.000 0	0.200 0	0.680 0	1.500 0	0.200 0	0.980 0

用理想模式计算,原岗位的排序也会逆转为 A_2 优于 A_1,如表 4 左半部.要想原岗位的排序保持,除非允许新岗位的权重大于 1(原岗位的最大权重仍为 1),如表 4 右半部,但是这样做已违反了理想模式的约定.

一般结论是,当新方案加入时,只要它对每个属性的权重都不超过原方案的权重,用理想模式计算,原方案的排序保持不变,而用分配模式计算,原方案的排序可能逆转.

第 8 章　概率模型

复习题

8.1　传送系统的效率

设工人数 n 固定不变.若想提高传送带效率 D,一种简单的办法是增加一个周期内通过工作台的钩子数 m,比如增加一倍,其他条件不变.另一种办法是在原来放置一只钩子的地方放置两只钩子,其他条件不变,于是每个工人在任何时刻可以同时触到两只钩子,只要其中有一只是空的,他就可以挂上产品,这种办法用的钩子数量与第一种办法一样.试推导这种情况下传送带效率的公式,从数量关系上说明这种办法比第一种办法好.

8.2　报童的诀窍

1. 用微积分求极值的方法由(6)式导出(7)式,并验证(7)式确实为最大值.

2. 若每天报纸的需求量服从正态分布 $N(\mu,\sigma^2)$,证明最高日均利润 $E(q)$ 为

$$E(q)=s_1q-(s_1+s_2)[(q-\mu)F(q)+\sigma^2p(q)]$$

将本节的数据代入,计算 $E(q)$ 的数值.

3. 面包店每天烘烤一定数量的面包出售,每只成本 3 元,以 8 元的价格卖出,晚间关门前将未卖完的面包无偿处理掉,若已知每天面包需求量的概率分布如下表,确定每天烘烤面包的数量,使得能够得到最高的日均收入,这个收入是多少?

需求量/只	50	100	150	200	250
概率	0.2	0.3	0.2	0.2	0.1

8.3　航空公司的超额售票策略

1. 由 $E(q)$ 的表达式(2)推导(4)式;将(2)式中的概率 $f(r)$ 换为密度函数,对连续型模型求解.

2. 据统计数据订票旅客不来登机的概率 $p=0.02$, 对于 $n=300$, $j=3$ 和 $s=1/3$, $1/2$, 1, 计算平均收益最大的超额售票数量 q 及概率 $P_j(q)$.如果设定 $\alpha=0.1$, $s=1/3$,问 $P_j(q)$ 是否满足(6)式的限制?若不满足,如何调整 q,调整的后果是什么?

8.4　作弊行为的调查与估计

为克服 Warner 模型中正反两个问题都是敏感问题的缺点,设计如下调查方案:调查者先制作三种卡片,每种卡片若干张.第一种卡片上写"若你有过作弊行为,请回答数字 1;若你从未有过作弊行为,请回答数字 0";第二种卡片上写"请直接回答数字 1";第三种卡片写"请直接回答数字 0".将三种卡片充分混合放入一盒,使第一、二、三种卡片的比例为 $p_1:p_2:p_3$, $p_1+p_2+p_3=1$.每个被调查学生从盒中随机抽一张卡片,做真实回答后放回.若被调查学生的总数为 n,回答"1"的人数为 m,建立估计有过作弊行为学生比

例的模型.

若三种卡片的比例为 5∶3∶2,200 名被调查学生中有 70 人回答数字 1,估计有过作弊行为学生的比例.

8.5　轧钢中的浪费

1. 若 $l=2.0\ \mathrm{m}$ 不变,而均方差减为 $\sigma=10\ \mathrm{cm}$,问均值 m 应为多大,每得到一根成品材的浪费量多大(与原来的数值相比较).

2. 证明方程(12)仅有一个负根 z^*,并且在 z^* 取得(9)式 $J(z)$ 的极小值.

8.6　博彩中的数学

证明加倍下注策略(赔率为 1)与普通下注方式玩家(单位下注金额)的期望收益相同.

8.7　网页排序与球队排名

1. 对于原始的链接矩阵 $\boldsymbol{H}$ 能否不检查其行和是否为零,直接用 $\boldsymbol{G}=\alpha\boldsymbol{H}+(1-\alpha)\boldsymbol{E}/n$ 进行修正. 以图 1 和图 2 的链接矩阵 $\boldsymbol{H}$((6)和(9)式)为例说明.

2. 对于图 3 的网络分别用特征向量法和幂法求解评分向量,取不同的修正参数 α 如 0.9,0.8,0.7,观察幂法迭代的收敛速度.

3. 设由 7 个网页构成的网络如下图所示(箭头表示链接关系),对网页进行排序. 取修正参数 α 分别为 1 和 0.85,观察结果. 若去掉网页 2 到网页 1 的链接,如何处理,结果如何?[77]

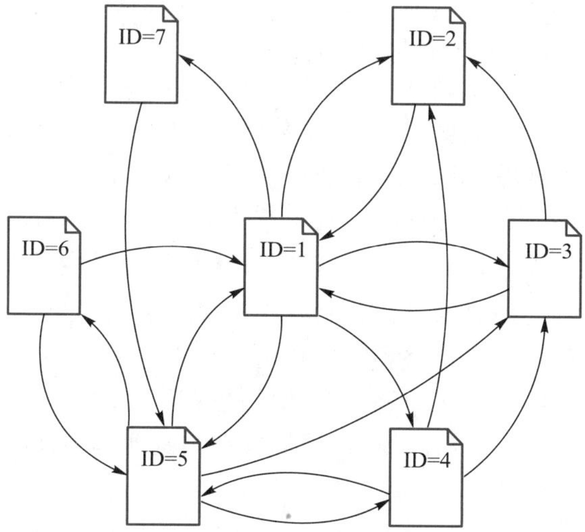

4. 若表 5 中的 B,E 两队尚未比赛,对 5 支球队分别按照负场与失分建立 Markov 链模型进行评分并排名.

5. 与题 4 相同,E,B 两队再比赛 2 场,结果为 85 ∶ 84,80 ∶ 95. 分别按照负场、分差与失分 3 种数据,建立 Markov 链模型进行评分并排名.

8.8 基因遗传

1. 在基因遗传中,若初始时取一劣种,通过计算三种基因类型状态概率,比较混种繁殖和优种繁殖两种形式,经过足够多代繁殖以后的演变.

2. 推导近亲繁殖的概率转移矩阵 $\boldsymbol{P}$((3)式)的第 5 行.

训练题

1. 出版社每年都要重印某种教科书,按照过去的销售记录知道今年需求量大致为均值8 000 本、均方差 1 000 本的正态分布.已知每本书的成本 15 元,售价 50 元,如果供过于求则以售价的 2 折处理,问年初应重印多少本使出版社平均收入最大?这个收入是多少?如果供不应求,为保证学生用书必须临时加印以满足需求,每本书成本加倍,售价不变,再问年初应重印多少本使出版社平均收入最大?这个收入是多少?

2. 某单位每年一届会议的组织者要为各地客户在一家有合同约定的宾馆预定住房,每个房间需交 100 元的预订金,若预订房间过多,即使无人入住预订金也不退回.而若预订房间不足,则需为参会客户在另外的宾馆临时订房,每个房间租金 250 元.按照往年会议的规模估计今年参会人数在 250 人至 350 人之间(95%的把握).请为组织者确定预订房间的数量(按每人一间),使预期的总费用最低.

3. 在 8.4 节 Simmons 模型中假设问题 B 为“你喜欢红色吗?”,而且调查者不知道喜欢红色的学生的比例,调查方法是将被调查者分成两批,做两次独立调查,且选答问题 A 的概率不同.试设计具体的调查方案并建立模型,估计有过作弊行为学生的比例.

4. 作弊与赌博是两个不相关的敏感问题,调查者的目的是估计学生中曾有作弊和赌博行为的比例,为此设计了如下的问题:

问题 A:你在考试中作过弊吗?

问题 B:你从未参加过赌博吗?

这样设计提问也能为被调查者提供足够的保护.为实现此调查方案,选取两组学生独立进行调查,并设计两套外形相同的卡片,其中第 i 套卡片中写有问题 A 的比例为 $p_i(i=1,2)$,写有问题 B 的比例为 $1-p_i$,且 $p_1\neq p_2$,第 i 组被调查学生的人数为 m_i,他们从第 i 套卡片中随机选择一张,真实作答后放回,其中回答“是”的人数为 $m_i^{(Y)}$.

(1) 分别估计学生中曾有作弊和赌博行为的比例.

(2) 假定曾作过弊学生真实回答问题 A 的概率为 T_A,参加过赌博的学生真实回答问题 B 的概率为 T_B,且 T_A,T_B 均已知,而其他情形均真实作答.试分别重新估计学生中曾有作弊和赌博行为的比例.

5. 若钢材粗轧后,长度在 l_1 与 l 之间的可降级使用,长度小于 l_1 的才整根报废.试选用合适的目标函数建立优化模型,使某种意义下的浪费量最小.

6. 双骰是根据掷出的两颗骰子点数之和判断输赢的一种游戏.玩家下注后掷出两颗骰子,称出场掷.输赢规则如下:

出场掷两颗骰子点数之和是 7,11,玩家赢,此轮结束.

出场掷两颗骰子点数之和是 2,3,12,玩家输,此轮结束.

出场掷两颗骰子点数之和是 4,5,6,8,9,10,该数字成为牌点,玩家继续掷骰子,直到牌点或点数之和 7 出现.如果牌点先出现,玩家赢,此轮结束;如果 7 先出现,玩家输,此轮结束.

(1) 计算各种结果出现的概率,并由此计算玩家劣势.

(2) 双骰游戏有不同的下注机制,前面给出的是"过线(pass line)"方式,另一种是"不过线(don't pass)"方式,其输赢规则与"过线"方式正好相反,只是出场掷两颗骰子点数之和是 12 时,仍为玩家输.计算"不过线"方式各种结果出现的概率,并由此计算玩家劣势.

7. 色盲具有遗传性,由两种基因 c 和 s 的遗传规律决定.男性只有一个基因 c 或 s;女性有两个基因 cc,cs 或 ss,当某人具有基因 c 或 cc 时则呈色盲表征.基因遗传关系是:男孩等概率地继承母亲两个基因中的一个;女孩继承父亲的那个基因,并等概率地继承母亲的一个基因.由此可以看出,当母亲是色盲时男孩一定色盲,女孩却不一定.用 Markov 链模型研究非常极端的近亲结婚情况下的色盲遗传,即同一对父母的后代婚配.父母的基因组合共有 6 种类型,形成 Markov 链模型的 6 种状态,问哪些是吸收状态.若父亲非色盲而母亲为色盲,问平均经过多少代其后代就会变成全为色盲或全不为色盲的状态,变成这两种状态的概率各为多大?(参考基础知识 8-1 Markov 链的基本概念)

8. 两种不同的外部表征是由两种不同基因决定的,这两种基因的遗传关系是相互独立的.例如猪的毛有颜色表征(黑和白)与质地表征(粗和光).对于每一种表征仍分为优种D(dd),混种 H(dr)和劣种 R(rr)3 种基因类型,两种表征的组合则有 9 种基因类型.在完全优势遗传中,优种和混种的猪毛颜色黑、质地粗,劣种则颜色白、质地光,这样共有 4 种外部表征组合,即黑粗、黑光、白粗、白光.假设群体的两种外部表征对应的基因中 d 和 r 的比例相同(即均为 1/2),在随机交配情况下构造 Markov 链模型.证明在稳定情况下上述 4 种外部表征组合的比例为 9 : 3 : 3 : 1.

9. 一个服务网络由 k 个工作站 $v_1,v_2,\cdots,v_k$ 依次串接而成,当某种服务请求到达工作站 v_i 时,v_i 能够处理的概率为 p_i,转往下一站 v_{i+1} 处理的概率为 q_i($i=1,2,\cdots,k-1$,设 $q_k=0$),拒绝处理的概率为 r_i,满足 $p_i+q_i+r_i=1$.试构造 Markov 链模型,确定到达 v_i 的请求平均经过多少工作站才能获得接受处理或拒绝处理的结果,被接受和拒绝的概率各多大?(参考基础知识 8-1 Markov 链的基本概念)

10. 血样的分组检验[16].在一个很大的人群中通过血样检验普查某种疾病,假定血样为阳性的先验概率为 p(通常 p 很小).为减少检验次数,将人群分组,一组人的血样混合在一起化验.当某组的混合血样呈阴性时,即可不经检验就判定该组每个人的血样都为阴性;而当某组的混合血样呈阳性时,则可判定该组至少有一人血样为阳性,于是需要对这组的每个人再作检验.

(1) 当 p 固定时(如 0.01%,…,0.1%,…,1%,…)如何分组,即多少人一组,可使平均总检验次数最少,与不分组的情况比较.

(2) 当 p 多大时不应分组检验.

(3) 当 p 固定时如何进行二次分组(即把混合血样呈阳性的组再分成小组检验,重复一次分组时的程序).

(4) 讨论其他分组方式,如二分法(人群一分为二,阳性组再一分为二,继续下去)、三分法等.

11. 一类答卷评阅结果的处理.在数学建模竞赛、语文作文考试等一类没有标准答案的答卷评阅中,不同评阅人对同一份答卷给出的分数,出现一定范围内的差别是正常的.但是,由于众多客观、主观因素的影响,某些评阅人的打分会存在以下异常现象:

- 打分普遍偏高或偏低,导致他评阅的所有答卷的平均分明显高于或低于总体的平均分(总体指全体评阅人对所有答卷的打分);
- 打分范围过窄,区分度太小,导致他评阅的所有答卷的分数范围明显小于总体的分数范围.

在评阅过程中组织者可以通过一定的程序,让每位评阅人随机地评阅若干份答卷,并且同一份答卷也随机地由若干位评阅人评阅.而在评阅结束后,组织者要根据所有评阅结果筛选出打分存在上述异常现象的评阅人,并且确定每一份答卷的最终分数.需要

(1) 给出筛选打分存在上述异常现象的评阅人的数学模型和求解方法.

(2) 给出确定每份答卷最终分数的数学模型和求解方法.

模拟产生数据进行计算并检验模型:将 150 份答卷随机分配给 9 位评阅人,每份答卷由 3 人评阅(每位评阅人评阅 50 份),评阅人中一人打分偏高,一人打分偏低,一人打分范围过窄.首先模拟产生一组数据作为答卷的真实分数,再在真实分数上增加扰动,作为评阅人的打分.然后将模型用于这组数据,应能把三位出现异常的评阅人筛选出来,并且使确定的每份答卷最终分数与其真实分数相近.

习题参考解答

复习题

8.1 传送系统的效率

在原来放置一只钩子处放置的两只钩子称为一个钩对.今一周期内通过 m 个钩对,任一钩对被任一名工人触到的概率 $p=1/m$,不被触到的概率 $q=1-p$,于是任一钩对为空的概率是 q^n,钩对上只挂上 1 件产品的概率是 npq^{n-1},一周期通过的 $2m$ 个钩子中,空钩的平均数是 $m(2q^n+npq^{n-1})$,带走产品的平均数是 $2m-m(2q^n+npq^{n-1})$,未带走产品的平均数是 $n-[2m-m(2q^n+npq^{n-1})]$,于是

$$E=1-D=1-\frac{m}{n}\left[2-2\left(1-\frac{1}{m}\right)^n-\frac{n}{m}\left(1-\frac{1}{m}\right)^{n-1}\right]$$

利用 $\left(1-\frac{1}{m}\right)^n$ 和 $\left(1-\frac{1}{m}\right)^{n-1}$ 的近似展开,可得 $E\approx\frac{(n-1)(n-2)}{6m^2}\approx\frac{n^2}{6m^2}$,注意:$\left(1-\frac{1}{m}\right)^n$ 展开取 4 项,$\left(1-\frac{1}{m}\right)^{n-1}$ 展开取 3 项.而第一种方法显然有 $E'\approx\frac{n}{4m}$,于是 $E=\beta E'$,$\beta=\frac{2n}{3m}$.当 $m>n$ 时,$\beta<1$,所以第二种方法比第一种方法好.

8.2　报童的诀窍

1. 对(6)式的 $E(q)$ 求导数可得

$$\frac{\mathrm{d}E}{\mathrm{d}q}=s_1qp(q)-\int_{-\infty}^{q}s_2p(r)\mathrm{d}r-s_1qp(q)+\int_{q}^{\infty}s_1p(r)\mathrm{d}r$$

$$=-s_2\int_{-\infty}^{q}p(r)\mathrm{d}r+s_1\left[1-\int_{-\infty}^{q}p(r)\mathrm{d}r\right]=s_1-(s_1+s_2)\int_{-\infty}^{q}p(r)\mathrm{d}r$$

令 $\frac{\mathrm{d}E}{\mathrm{d}q}=0$,即得(7)式.可以验证 $\frac{\mathrm{d}^2E}{\mathrm{d}q^2}<0$,$E(q)$确实达到最大值.

2. 对于 $N(\mu,\sigma^2)$ 的正态概率密度函数 $p(r)$,利用变量代换积分法可得

$$E(q)=s_1q-(s_1+s_2)[(q-\mu)F(q)+\sigma^2p(q)]$$

其中 $F(q)$可用 MATLAB 正态分布函数命令 normcdf (q, mu, sigma)计算,$p(q)$可用 MATLAB 正态密度函数命令 normpdf (q, mu, sigma)计算,mu, sigma 是均值和均方差.将 $s_1=2,s_2=1$ 和 $\mu=260,\sigma=50$ 代入算出 $E(q)=465$(元).

3. $s_1=8-3=5,s_2=3,s_1/(s_1+s_2)=5/8$,由需求量 r 的概率 $f(r)$可得,使 $P(r\leqslant q)\geqslant 5/8$ 的最小 q 值是 $q=150$,每天烘烤面包 150 只,使 $E(q)$达到最大值 470 元.

8.3　航空公司的超额售票策略

1. 由(2)式计算出 $E(q+1)-E(q)=-s_2\sum_{r=0}^{q}f(r)+s_1\sum_{r=q+1}^{n+q}f(r)$,得到(4)式;(2)式的连续模型为

$$E(q)=\int_{-\infty}^{q}[s_1n-s_2(q-r)]p(r)\mathrm{d}r+\int_{q}^{\infty}s_1(n+q-r)p(r)\mathrm{d}r$$

$$\frac{\mathrm{d}E}{\mathrm{d}q}=s_1np(q)-\int_{-\infty}^{q}s_2p(r)\mathrm{d}r-s_1np(q)+\int_{q}^{\infty}s_1p(r)\mathrm{d}r$$

$$=-s_2\int_{-\infty}^{q}p(r)\mathrm{d}r+s_1\left(1-\int_{-\infty}^{q}p(r)\mathrm{d}r\right)=s_1-(s_1+s_2)\int_{-\infty}^{q}p(r)\mathrm{d}r$$

令 $\frac{\mathrm{d}E}{\mathrm{d}q}=0$ 即得.

2. $p=0.02$, $n=300$, $j=3$ 下的计算结果 q 及 $P_j(q)$如下表.

	$s=1/3$	$s=1/2$	$s=1$
q	8	7	6
$P_j(q)$	0.261 4	0.136 5	0.055 1

设定 $\alpha=0.1,s=1/3$, $P_j(q)$不满足(6)式的限制,可将 $q=8$ 调整为 $q=6$,后果是收益减少.

8.4　作弊行为的调查与估计

设有过作弊行为学生比例,即学生作弊的概率为 p,回答“1”的学生的比例, 即学

生回答“1”的概率为 $P(C)=m/n$,由全概率公式得 $P(C)=pp_1+p_2$,于是 $p=\frac{P(C)-p_2}{p_1}$.以 $p_1=0.5,p_2=0.3,P(C)=70/200$ 代入得 $p=0.1$,估计有过作弊行为学生的比例为 10%.

8.5 轧钢中的浪费

1. $\lambda=l/\sigma=20$,解(12)得 $z^*=-2.1$.再由(8)式,$\mu^*=22.1$, $m^*=2.21$ m,此即最佳均值.又可算出 $p(m^*)=0.982\ 1$,每一根成品材的浪费量为 $J_1=\frac{m^*}{p(m^*)}-l=0.25$ m,比原来的 0.45 m 减少甚多.

2. 不难证明,当 $z<0$ 时,$\frac{\mathrm{d}F}{\mathrm{d}z}<0$,$F$ 单调减,所以方程(12)只有一个负根 z^*.可以算出 $\left.\frac{\mathrm{d}^2J}{\mathrm{d}z^2}\right|_{z^*}=\frac{(\lambda-z^*)\varphi'(z^*)}{[1-\Phi(z^*)]^2}>0$,所以 $J(z^*)$ 为极小值.

8.6 博彩中的数学

设玩家赢的概率为 $p,q=1-p$,第 1 次下注 1 元,输了就加倍下注,他的钱可以下注 n 次.玩家输 n 次的概率为 q^n, 输的钱为 $1+2+2^2+2^3+\cdots+2^{n-1}=2^n-1$,赢回 1 元的概率是 $1-q^n$, 期望收益为 $EV=-(2^n-1)q^n+(1-q^n)=1-(2q)^n$,玩家的期望下注金额是 $Q=1+2q+2^2q^2+\cdots+2^{n-1}q^{n-1}=\frac{(2q)^n-1}{2q-1}$,单位下注金额的期望收益是 $\frac{EV}{Q}=1-2q$,与普通下注方式相同.

8.7 网页排序与球队排名

1. 教材中图 1 是双向连通的,对链接矩阵 $\boldsymbol{H}$((6)式)不论是否用 $\boldsymbol{G}=\alpha\boldsymbol{H}+(1-\alpha)\cdot\boldsymbol{E}/n$ 修正都可. 图 2 不是双向连通的,对链接矩阵 $\boldsymbol{H}$((9)式)必须先用(11)式修正为 $\boldsymbol{S}$,若直接用 $\boldsymbol{G}=\alpha\boldsymbol{H}+(1-\alpha)\boldsymbol{E}/n$,$\boldsymbol{G}$ 将不是随机矩阵.

2. $\alpha=0.9$ 时幂法迭代次数 $k>16$ 后收敛于特征向量法得到的评分向量 $r=[0.037\ 2,0.054\ 0,0.041\ 5,0.375\ 1,0.206\ 0,0.286\ 2]$. $\alpha=0.8$ 时幂法迭代次数 $k>13$ 后得到的评分向量 $\boldsymbol{r}=[0.064\ 3,0.090\ 0,0.071\ 0,0.326\ 2,0.194\ 8,0.253\ 7]$. $\alpha=0.7$ 略. α 越小幂法收敛越快;α 不同评分向量不一样,但排序相同(4,6,5,2,3,1).

3. $\alpha=1$ 时评分向量 $\boldsymbol{r}=[0.303\ 5,0.166\ 1,0.140\ 6,0.105\ 4,0.178\ 9,0.044\ 7,0.060\ 7]$,$\alpha=0.85$ 时 $\boldsymbol{r}=[0.280\ 3,0.158\ 8,0.138\ 9,0.108\ 2,0.184\ 2,0.060\ 6,0.069\ 1]$,二者排序相同(1,5,2,3,4,7,6).

去掉网页 2 到网页 1 的链接,网页 2 为悬挂网页,矩阵 $\boldsymbol{H}$ 需修正为 $\boldsymbol{S}$,$\alpha=1$ 时评分向量 $\boldsymbol{r}=[0.194\ 8,0.181\ 8,0.155\ 8,0.116\ 9,0.207\ 8,0.077\ 9,0.064\ 9]$,排序为(5,1,2,3,4,6,7). 与原来相比网页 1,5 的排序交换,网页 6,7 也变了.

4. 表 5 中的 B,E 两队尚未比赛,若构造胜负矩阵 $\boldsymbol{Q}=[q_{ij}]$,需置 $q_{25}=0$. B 是全胜队,用$(1/5)e$ 置换第 2 行,将 $\boldsymbol{Q}$ 的行归一化得转移矩阵 P,评分 $\boldsymbol{r}=[0.118\ 4,0.285\ 1,0.254\ 4,0.184\ 2,0.157\ 9]$,排名 C,E,B,D,A.

构造失分矩阵 $\boldsymbol{Q}$ 需置 $q_{25}=q_{52}=0$，并将 $\boldsymbol{P}$ 的第 2,5 行重新归一化，评分 $\boldsymbol{r}=[0.2037,0.1789,0.2243,0.2262,0.1670]$，排名 D,C,A ,B,E. 由于 B,E 未赛，得失分都少了，双双落后.

5. 增加 E,B 的 2 场比赛后构造负场矩阵 $\boldsymbol{Q}$，在 E,B 共 3 场比赛中胜负场次比为 2 : 1，需置 $q_{25}=2,q_{52}=1$，将 $\boldsymbol{Q}$ 行归一化得到转移矩阵 $\boldsymbol{P}$，Markov 链为正则链，$\boldsymbol{r}=[0.0319,0.3191,0.1915,0.0957,0.3617]$，排名 E,B,C,D,A,E,B 重返前 2 位.

构造分差矩阵 $\boldsymbol{Q}$，在 E,B 共 3 场比赛中 B 负 E 胜的分差为 17，E 负 B 胜的分差为 1，需置 $q_{25}=17,q_{52}=1$，得 $\boldsymbol{Q}$ 及行归一化的转移矩阵 $\boldsymbol{P}$，Markov 链为正则链，$\boldsymbol{r}=[0.0062,0.2986,0.2839,0.0710,0.3403]$，排名 E,B,C,D,A，同上.

增加 E,B 的 2 场比赛后构造得失分矩阵 $\boldsymbol{Q}$，将 E,B 共 3 场比赛的失分求和，得 $\boldsymbol{Q}$ 及行归一化的转移矩阵 $\boldsymbol{P}$，Markov 链为正则链，评分 $\boldsymbol{r}=[0.1477,0.2636,0.1625,0.1637,0.2626]$，排名 B,E,D,C,A，与前相比稍有变化.

8.8 基因遗传

1. 初始状态概率为 $\boldsymbol{a}(0)=(0,0,1)$，按照 Markov 链基本方程计算，$k\to\infty$ 时，混种繁殖下 $\boldsymbol{a}(k)$ 趋向(1/4, 1/2, 1/4)，优种繁殖下 $\boldsymbol{a}(k)$ 趋向(1, 0, 0).

2. 根据表 1 计算，对于状态 $i=1(DD),2(RR),3(DH),4(DR),5(HH),6(HR)$，$p_{51}=P$(后代配对为 DD |父母配对为 HH) $=1/4\times1/4=1/16$，$p_{53}=P$(后代雄性为 D，雌性为 H |父母配对为 HH) $+P$(后代雄性为 H，雌性为 D |父母配对为 HH) $=1/4\times1/2+1/2\times1/4=1/4$，$p_{54}=1/4\times1/4+1/4\times1/4=1/8$.类似地推导其余.

训练题

1. $s_1=50-15=35$(元)，$s_2=15-50\times0.2=5$(元)，$s_1/(s_1+s_2)=7/8$，求解得 $x=9.1503\times10^3$，重印 9 150 本平均收入 $E(q)$ 最大，最大值 27.177 万元.

供不应求时临时加印成本 30 元，每本获利 $s_3=50-30=20$(元)，平均收入

$$E(q)=\int_{-\infty}^{q}[s_1r-s_2(q-r)]p(r)\,\mathrm{d}r+\int_{q}^{\infty}[s_1q+s_3(r-q)]p(r)\,\mathrm{d}r$$

用边际分析或求导可得，当 $F(q)=\dfrac{s_1-s_3}{s_1+s_2-s_3}$ 时平均收入 $E(q)$ 最大. 计算得 $q=8675$ (本).

2. 假定参会人数 r 服从均值 300、均方差 25 的正态概率分布，满足 $250\leqslant r\leqslant350$ 的概率为 0.95.记预订房间的数量为 q，人数为 r 的费用为 $s(r,q)$，总费用为 $E(q)$，则

$$s(r,q)=\begin{cases}100q, & r\leqslant q\\ 100q+250(r-q), & r>q\end{cases}$$

$E(q+1)-E(q)=100P(r\leqslant q)-150P(r>q)=250P(r\leqslant q)-150$，当 $E(q+1)-E(q)$ 由负变正即 $P(r\leqslant q)=150/250$ 时 $E(q)$ 最小，求解得 $q=306$.

3. 调查方案设计：制作两种卡片各若干张，第 1 种卡片上写“你在考试中有过作弊行为吗？”，第 2 种卡片上写“你喜欢红色吗？” 两批被调查学生人数分别为 n_1 和 n_2.对第 1 批学生调查时第 1 种卡片的比例为 p_1，对第 2 批学生调查时第 1 种卡片的比例为 p_2，

且 $p_2 \neq p_1$.

设两批学生中回答"是"的人数分别为 m_1 和 m_2,即学生回答"是"的概率分别为 $P(C_1)=m_1/n_1$ 和 $P(C_2)=m_2/n_2$.记 p 为有过作弊行为学生的比例,p_0 为喜欢红色学生的比例,由全概率公式可得 $P(C_1)=pp_1+p_0(1-p_1)$, $P(C_2)=pp_2+p_0(1-p_2)$,消去 p_0 得

$$p=\frac{P(C_1)(1-p_2)-P(C_2)(1-p_1)}{p_1-p_2}$$

4. (1) 记 π_A 为曾作过弊的学生所占的比例,π_B 为有过赌博行为学生所占的比例,则第 i 组被调查学生回答"是"的概率为 $\pi_i=p_i\pi_A+(1-p_i)\pi_B, i=1,2$.可求得 π_A 和 π_B 的无偏估计分别为

$$\hat{\pi}_A=\frac{\hat{\pi}_1(1-p_2)-\hat{\pi}_2(1-p_1)}{p_1-p_2}=\frac{\frac{m_1^{(Y)}}{m_1}(1-p_2)-\frac{m_2^{(Y)}}{m_2}(1-p_1)}{p_1-p_2}, p_1\neq p_2$$

$$\hat{\pi}_B=\frac{p_1(1-\hat{\pi}_2)-p_2(1-\hat{\pi}_1)}{p_1-p_2}=\frac{p_1\left(1-\frac{m_2^{(Y)}}{m_2}\right)-p_2\left(1-\frac{m_1^{(Y)}}{m_1}\right)}{p_1-p_2}, p_1\neq p_2$$

(2) π_A,π_B 同上,在不完全作答下,第 i 组被调查学生回答"是"的概率为

$$\pi_i=T_{\mathrm{A}}p_i\pi_A+(1-T_{\mathrm{B}})(1-p_i)\pi_B+(1-p_i)(1-\pi_B), i=1,2$$

可求得 π_A 和 π_B 的无偏估计分别为

$$\hat{\pi}_A=\frac{\hat{\pi}_1(1-p_2)-\hat{\pi}_2(1-p_1)}{T_{\mathrm{A}}(p_1-p_2)}=\frac{\frac{m_1^{(Y)}}{m_1}(1-p_2)-\frac{m_2^{(Y)}}{m_2}(1-p_1)}{T_{\mathrm{A}}(p_1-p_2)}, p_1\neq p_2$$

$$\hat{\pi}_B=\frac{p_1(1-\hat{\pi}_2)-p_2(1-\hat{\pi}_1)}{T_{\mathrm{B}}(p_1-p_2)}=\frac{p_1\left(1-\frac{m_2^{(Y)}}{m_2}\right)-p_2\left(1-\frac{m_1^{(Y)}}{m_1}\right)}{T_{\mathrm{B}}(p_1-p_2)}, p_1\neq p_2$$

其中 $m_i^{(Y)}$ 为第 i 组被调查学生中,在不完全真实作答的情况下回答"是"的人数.

5. 如图 1,设 $\int_l^{\infty}p(x)\mathrm{d}x=P$, $\int_{l_1}^{l}p(x)\mathrm{d}x=P_1$,每粗轧一根钢材浪费的平均长度为

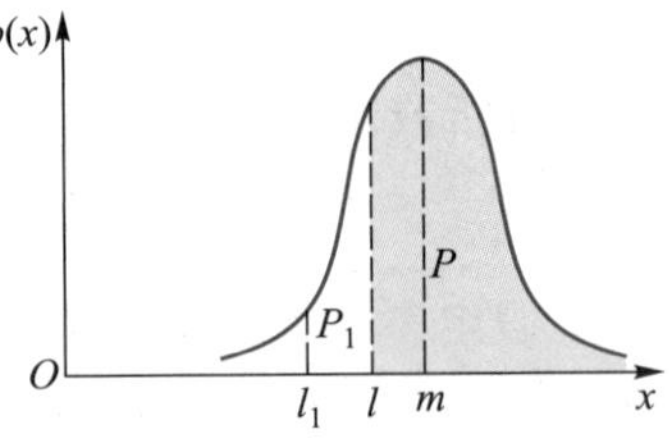

图 1

$$w=\int_{-\infty}^{l_1}xp(x)\mathrm{d}x+\int_{l_1}^{l}(x-l_1)p(x)\mathrm{d}x+\int_l^{\infty}(x-l)p(x)\mathrm{d}x$$
$$=m-lP-l_1P_1$$

若先轧 N 根钢材,则成品材有 NP 根,降级材有 NP_1 根,设每一根降级材可折合 $\alpha(<1)$ 根成品材(就效益而言),那么,选用每一根成品材浪费的平均长度为目标函数 J,则 $J(m)=\dfrac{m-lP(m)-l_1P_1(m)}{P(m)+\alpha P_1(m)}$.令 $\mu=\dfrac{m}{\sigma}$, $\lambda=\dfrac{l}{\sigma}$, $\lambda_1=\dfrac{l_1}{\sigma}$,则 $P(m)=1-\Phi(\lambda-\mu)$, $P_1(m)=\Phi(\lambda-\mu)-\Phi(\lambda_1-\mu)$,$\Phi$ 是标准正态分布函数.目标函数可化为

$$J(\mu)=\frac{\mu-\lambda+(\lambda-\lambda_1)\Phi(\lambda-\mu)+\lambda_1\Phi(\lambda_1-\mu)}{1-(1-\alpha)\Phi(\lambda-\mu)-\alpha\Phi(\lambda_1-\mu)}$$

6. (1) 首先算出出场掷两颗骰子点数之和的概率，然后计算出场掷出现牌点、继续掷、牌点在 7 之前出现的概率：

牌点	4	5	6	8	9	10
概率	3/36×3/9	4/36×4/10	5/36×5/11	5/36×5/11	4/36×4/10	3/36×3/9

玩家赢的概率 $p=6/36+2/36+3/36\times3/9\times2+4/36\times4/10\times2+5/36\times5/11\times2=0.4929$，下注 1 元的期望收益 $EV_1=1\times p+(-1)\times(1-p)=2p-1=-0.01414$，玩家劣势为 1.414%.

(2) 玩家劣势为 1.364%.

7. 六种状态(c,cc)，(s,ss)，(c,cs)，(c,ss)，(s,cc)，(s,cs)，记作 $i=1,2,3,4,5,6$. 状态转移概率矩阵 $\boldsymbol{P}$ 及 $\boldsymbol{M}=(\boldsymbol{I}-\boldsymbol{Q})^{-1}$，$\boldsymbol{y}=\boldsymbol{Me}$，$\boldsymbol{F}=\boldsymbol{MR}$ 为

$$\boldsymbol{P}=\begin{pmatrix}1&0&0&0&0&0\\0&1&0&0&0&0\\1/4&0&1/4&0&1/4&0\\0&0&0&0&0&1\\0&0&1&0&0&0\\0&1/4&1/4&1/4&0&1/4\end{pmatrix}$$

$$\boldsymbol{M}=\frac{1}{3}\begin{pmatrix}8&1&2&4\\4&5&1&8\\8&1&6&4\\4&2&1&8\end{pmatrix},\quad \boldsymbol{y}=\begin{pmatrix}5\\6\\6\\5\end{pmatrix},\quad \boldsymbol{F}=\begin{pmatrix}2/3&1/3\\1/3&2/3\\2/3&1/3\\1/3&2/3\end{pmatrix}$$

可知，$i=1$(c,cc)，2(s,ss)是吸收态.由 $i=5$(s,cc)平均经过 6 代变为(c,cc)的概率为 2/3，变为(s,ss)的概率为 1/3.

8. 定义 $i=1$(DD)，2(DH)，3(DR)，4(HD)，5(HH)，6(HR)，7(RD)，8(RH)，9(RR). 其中第 1 字母表示颜色基因类型，第 2 字母表示质地基因类型.在这两种基因类型中 d 与 r 的比例均为 1/2，且随机交配方式下，转移概率矩阵为

$$\boldsymbol{P}=\begin{pmatrix}1/4&1/4&0&1/4&1/4&0&&&\\1/8&1/4&1/8&1/8&1/4&1/8&&\boldsymbol{0}&\\0&1/4&1/4&0&1/4&1/4&&&\\1/8&1/8&0&1/4&1/4&0&1/8&1/8&0\\1/16&1/8&1/16&1/8&1/4&1/8&1/16&1/8&1/16\\0&1/8&1/8&0&1/4&1/4&0&1/8&1/8\\&&&1/4&1/4&0&1/4&1/4&0\\&\boldsymbol{0}&&1/8&1/4&1/8&1/8&1/4&1/4\\&&&0&1/4&1/4&0&1/4&1/4\end{pmatrix}\begin{matrix}\mathrm{DD}\\\mathrm{DH}\\\mathrm{DR}\\\mathrm{HD}\\\mathrm{HH}\\\mathrm{HR}\\\mathrm{RD}\\\mathrm{RH}\\\mathrm{RR}\end{matrix}$$

$$\begin{matrix}\mathrm{DD}&\mathrm{DH}&\mathrm{DR}&\mathrm{HD}&\mathrm{HH}&\mathrm{HR}&\mathrm{RD}&\mathrm{RH}&\mathrm{RR}\end{matrix}$$

可以验证，稳定分布是对应于 HH 的行向量，即 $\boldsymbol{w}=(1/16,1/8,1/16,1/8,1/4,1/$

8,1/16,1/8,1/16).4 种外部表征组合:黑粗包含状态1(DD),2(DH),4(HD),5(HH),黑光包含 3(DR),6(HR),白粗包含 7(RD),8(RH),白光为 9(RR).将 $\boldsymbol{w}$ 中对应这 4 个组合的概率相加,即得其比例为 9 : 3 : 3 : 1.

9. 服务请求到达工作站 v_i 记作状态 $i, i=1,2,\cdots,k$.增加状态 $i=0$ 表示请求被拒绝;$i=00$ 表示请求被接受.于是转移概率矩阵为

$$\boldsymbol{P}=\left(\begin{array}{cc|ccccc} 1 & 0 & & & & & \\ 0 & 1 & & & \mathbf{0} & & \\ \hline p_1 & r_1 & 0 & q_1 & & \mathbf{0} & \\ p_2 & r_2 & 0 & 0 & \ddots & & \\ \vdots & \vdots & \vdots & \vdots & \mathbf{0} & \ddots & \\ p_{k-1} & r_{k-1} & 0 & 0 & & & q_{k-1} \\ p_k & r_k & 0 & 0 & \cdots & \cdots & 0 \end{array}\right)\begin{array}{l}(00)\\(0)\\(1)\\(2)\\\vdots\\(k-1)\\(k)\end{array}$$

$$\begin{array}{ccccccc}(00) & (0) & (1) & (2) & & \cdots & (k)\end{array}$$

可以算出

$$\boldsymbol{M}=(\boldsymbol{I}-\boldsymbol{Q})^{-1}=\begin{pmatrix} 1 & q_1 & q_1q_2 & \cdots & q_1q_2\cdots q_{k-1} \\ & 1 & q_2 & \cdots & q_2q_3\cdots q_{k-1} \\ & & \ddots & & \vdots \\ & \mathbf{0} & & \ddots & \vdots \\ & & & & 1 \end{pmatrix}$$

到达 v_i 的请求获得接受或拒绝时,平均经过的工作站数由 $\boldsymbol{y}=\boldsymbol{Me}$ 算出为$1+q_i+q_iq_{i+1}+\cdots+q_i\cdots q_{k-1}$.由 $\boldsymbol{F}=\boldsymbol{MR}$ 可得,被接受的和被拒绝的概率分别为 $p_i+q_ip_{i+1}+\cdots+q_i\cdots q_{k-1}p_k$ 和 $r_i+q_ir_{i+1}+\cdots+q_i\cdots q_{k-1}r_k$.

10. 设总人数为 n,已知每人血样阳性的概率为 p,记阴性概率 $q=1-p$.

(1) 设分 x 组,每组 k 人(n 很大,x 能整除 n,$k=n/x$),混合血样检验 x 次.阳性组的概率为 $p_1=1-q^k$,阳性组数的平均值为 xp_1,这些组需每人检验,平均次数为 kxp_1,所以平均总检验次数 $N=x+kxp_1$,一个人的平均检验次数为 N/n, 记作

$$E(k)=\frac{1}{k}+1-q^k=\frac{1}{k}+1-(1-p)^k \tag{1}$$

问题是给定 p 求 k 使 $E(k)$最小.

p 很小时利用$(1-p)^k\approx 1-kp$ 可得

$$E(k)\approx\frac{1}{k}+kp \tag{2}$$

显然 $k=p^{-1/2}$时 $E(k)$最小.因为 k 需为整数,所以应取 $k=[p^{-1/2}]$和$k=[p^{-1/2}]+1$,比较 $E(k)$,得到 k 的最优值,见表 1.

表 1　一次分组检验结果

p	0.01%	0.1%	1%	2%	5%
k	100	32	10	8	5
$E(k)$	0.020	0.063	0.196	0.274	0.426

随着 p 的增加 k 减小，$E(k)$ 变大. 只要 $E(k)<1$，就应分组.

注：若不取近似，利用导数可得 $q^k k^2=-1/\ln q$ 时 $E(k)$ 最小.

(2) 当 $E(k)>1$ 时不应分组. 由(1)得 $p>1-k^{-1/k}$，检查 $k=2,3$，可知当 $p>0.307$ 不应分组.

(3) 将第 1 次检验的每个阳性组再分 y 小组，每小组 m 人（y 整除 k，$m=k/y$）. 因为第 1 次阳性组的平均值为 xp_1，所以（平均）第 2 次需分小组检验 yxp_1 次，而阳性小组的概率为 $p_2=1-q^m$（为计算 p_2 简单起见，将第 1 次所有阳性组合在一起分小组），阳性小组总数的平均值为 xp_1yp_2，这些小组需每人检验，平均检验次数为 mxp_1yp_2，所以平均总检验次数 $N=x+yxp_1+mxp_1yp_2$，一个人的平均检验次数为 N/n，记作（注意：$n=kx=myx$）

$$E(k,m)=\frac{1}{k}+\frac{p_1}{m}+p_1p_2=\frac{1}{k}+\frac{1}{m}(1-q^k)+(1-q^k)(1-q^m),q=1-p \quad (3)$$

问题是给定 p 求 k,m 使 $E(k,m)$ 最小. p 很小时(3)式可简化为

$$E(k,m)\approx\frac{1}{k}+\frac{kp}{m}+kmp^2 \quad (4)$$

解得

$$k=\frac{1}{\sqrt{2}}p^{-3/4},m=p^{-1/2} \quad (5)$$

且要求 $k,m,k/m$ 均为整数. 经在(5)式的结果附近计算，比较 $E(k,m)$，得到 k,m 的最优值，见表 2.

表 2　二次分组检验结果

p	0.01%	0.1%	1%	2%	5%
k	700	124	24	16	8
m	100	31	12	8	4
$E(k,m)$	0.002 8	0.015 9	0.090 5	0.153 7	0.305 0

与表 1 比较可知，二次分组的效果 $E(k,m)$ 比一次分组的效果 $E(k)$ 更好.

11. 一类答卷评阅结果的处理. 提示：利用正态分布下均值和方差的假设检验或者设定合理的阈值，对异常评阅人进行筛选，对正常评阅人的分数作调整，使均值和方差相同，再赋予每份答卷调整后的分数.

第 9 章　统计模型

复习题

9.1　孕妇吸烟与胎儿健康

1. 对逐步回归选出的变量 x_1, x_2, x_4, x_5, x_6，建立 y 的多元线性回归模型，并剔除异常点，与逐步回归的结果（表 8）比较.

2. 在候选变量集合中增加乘积项 x_1x_6，重作逐步回归，与原来的结果（表 8）比较，解释增加 x_1x_6 后各个系数的含义.

9.2　软件开发人员的薪金

1. 用逐步回归重新建立模型，与教材表 5 的结果比较.

2. 汽车销售商认为汽车销售量与汽油价格、贷款利率有关，两种类型汽车（普通型和豪华型）18 个月的调查资料如下表，其中 y_1 是普通型汽车销售量（千辆），y_2 是豪华型汽车销售量（千辆），x_1 是汽油价格（美元/加仑），x_2 是贷款利率（%）[78].

数据文件
9.2 节复习题 2
汽车销售量

序号	y_1	y_2	x_1	x_2
1	22.1	7.2	1.89	6.1
2	15.4	5.4	1.94	6.2
⋮	⋮	⋮	⋮	⋮
18	44.3	15.6	1.68	2.3

（1）对普通型和豪华型汽车分别建立如下模型：

$$y_1=\beta_0^{(1)}+\beta_1^{(1)}x_1+\beta_2^{(1)}x_2,\quad y_2=\beta_0^{(2)}+\beta_1^{(2)}x_1+\beta_2^{(2)}x_2$$

给出 β 的估计值和置信区间，决定系数 R^2，F 值及剩余方差等.

（2）用 $x_3=0$, 1 表示汽车类型，建立统一模型：$y=\beta_0+\beta_1x_1+\beta_2x_2+\beta_3x_3$，给出 β 的估计值和置信区间，决定系数 R^2，F 值及剩余方差等. 以 $x_3=0$, 1 代入统一模型，将结果与（1）的两个模型的结果比较，解释二者的区别.

（3）对统一模型就每种类型汽车分别作 x_1 和 x_2 与残差的散点图，有什么现象，说明模型有何缺陷？

（4）对统一模型增加二次项和交互项，考察结果有什么改进.

9.3　评分与排名的统计模型

1. 在表 1 数据表示的 5 支球队循环赛中，若排名前两位的 B，E 两队再比赛 2 场，结果为 85：84，80：95，重新对 5 支球队进行评分和排名.

2. 对表 1 表示的 5 支球队的比分数据，设 B，C 两队尚未比赛，重新计算各队的进攻评分和防守评分，根据评分对 B，C 两队的比赛得分进行预测.

3. 为了求解方程(10)需对 $\boldsymbol{r}$ 加一个约束,除了增加(12)式,还可令某个分量 r_i 等于任意指定的常数. 试用这种方法对 5 支球队循环赛(表 1)进行评分和排名,并与(10)(12)式得到的结果比较.

9.4　酶促反应

在酶促反应中,如果用指数增长模型 $y=\beta_1(1-e^{-\beta_2 x})$ 代替 Michaelis-Menten 模型,对经过嘌呤霉素处理的实验数据作非线性回归分析,其结果将如何? 更进一步,若选用模型 $y=\beta_1(e^{-\beta_3 x}-e^{-\beta_2 x})$ 来拟合相同的数据,其结果是否比指数增长模型有所改进? 试做出模型的残差图进行比较.

9.5　投资额与生产总值和物价指数

某公司想用全行业的销售额作为自变量来预测公司的销售额,下表给出了 1977—1981 年公司销售额和行业销售额的分季度数据(单位:百万元).

(1) 画出数据的散点图,观察用线性回归模型拟合是否合适.

(2) 建立公司销售额对全行业销售额的回归模型,并用 D-W 检验诊断随机误差项的自相关性.

(3) 建立消除了随机误差项自相关性后的回归模型[51].

年	季	t	公司销售额 y	行业销售额 x	年	季	t	公司销售额 y	行业销售额 x
1977	1	1	20.96	127.3	1979	3	11	24.54	148.3
	2	2	21.40	130.0		4	12	24.30	146.4
	3	3	21.96	132.7	1980	1	13	25.00	150.2
	4	4	21.52	129.4		2	14	25.64	153.1
1978	1	5	22.39	135.0		3	15	26.36	157.3
	2	6	22.76	137.1		4	16	26.98	160.7
	3	7	23.48	141.2	1981	1	17	27.52	164.2
	4	8	23.66	142.8		2	18	27.78	165.6
1979	1	9	24.10	145.5		3	19	28.24	168.7
	2	10	24.01	145.3		4	20	28.78	171.7

9.6　冠心病与年龄

将表 1 的冠心病数据按每 5 岁为一年龄段进行分组,重新建立患病比例与年龄的 logit 模型和 probit 模型,并进行分析和比较.

9.7　蠓虫分类判别

1. 假定 Apf 蠓虫总体与 Af 蠓虫总体的协方差矩阵不相等,对问题中所给的蠓虫数据,重新估计三个待判样本到两总体的距离,并分别进行分类判别.

2. 如果已经确认了文中的三个待判蠓虫样本 1,2 和 3 分别属于 Apf 蠓虫、Af 蠓虫和 Af 蠓虫,请再次用距离判别法对新发现的蠓虫 $\boldsymbol{x}=(1.35,1.88)^{\mathrm{T}}$ 进行识别,并写出线性距离判别函数.

9.8　学生考试成绩综合评价

1. 假定原始数据 $\boldsymbol{X}$ 的协方差矩阵 $\boldsymbol{S}=\begin{pmatrix}1 & 4\\ 4 & 100\end{pmatrix}$,若将原始数据 $\boldsymbol{X}$ 标准化,得到相关系数矩阵 $\boldsymbol{R}=\begin{pmatrix}1 & 0.4\\ 0.4 & 1\end{pmatrix}$.分别计算 $\boldsymbol{S}$ 和 $\boldsymbol{R}$ 的特征根和特征向量,构造相应的 2 个主成分,你会发现二者有很大差别.试做出解释.

2. 在制定服装标准过程中对 100 名成年男子的身材进行了测量,共 6 项指标:身高 x_1、坐高 x_2、胸围 x_3、臂长 x_4、肋围 x_5、腰围 x_6,样本相关系数矩阵为

$$\boldsymbol{R}=\begin{pmatrix}1 & 0.80 & 0.37 & 0.78 & 0.26 & 0.38\\ 0.80 & 1 & 0.32 & 0.65 & 0.18 & 0.33\\ 0.37 & 0.32 & 1 & 0.36 & 0.71 & 0.62\\ 0.78 & 0.65 & 0.36 & 1 & 0.18 & 0.39\\ 0.26 & 0.18 & 0.71 & 0.18 & 1 & 0.69\\ 0.38 & 0.33 & 0.62 & 0.39 & 0.69 & 1\end{pmatrix}$$

试给出主成分分析表达式,并对主成分做出解释.

3. 同第 2 题数据,试给出因子分析表达式,并对因子做出解释.

9.9　葡萄酒的评价

1. 对两组评酒员对白葡萄酒酒样的评价结果作描述性统计分析和正态性检验.

2. 用三因素方差分析检验两组评酒员对白葡萄酒酒样的评价结果有无显著性差异.

3. 用双因素方差分析对两组评酒员的白葡萄酒酒样的评价结果作可信度分析,确定哪一组更为可信.

4. 对酿酒白葡萄进行聚类与分级.

训练题

1. 电影院调查电视广告费用和报纸广告费用对每周收入的影响,得到数据如下表,建立回归模型并进行检验,诊断异常点的存在并进行处理.

每周收入	96	90	95	92	95	95	94	94
电视广告费用	1.5	2.0	1.5	2.5	3.3	2.3	4.2	2.5
报纸广告费用	5.0	2.0	4.0	2.5	3.0	3.5	2.5	3.0

2. 营养学家为研究食物中蛋白质含量对婴儿生长的影响，按照食物中蛋白质含量的高低，调查了两组两个月到三岁婴儿的身高(单位:cm)，见下表.

高蛋白食物组

年龄/岁	0.2	0.5	0.8	1.0	1.0	1.4	1.8	2.0	2.0	2.5	2.5	2.7	3.0
身高/cm	54	55	63	66	69	73	82	83	80	91	93	94	94

低蛋白食物组

年龄/岁	0.2	0.4	0.7	1.0	1.0	1.3	1.5	1.8	2.0	2.0	2.4	2.8	3.0
身高/cm	51	52	55	61	64	65	66	69	68	69	72	76	77

(1) 分别用两组数据建立蛋白质高、低含量对婴儿身高的回归模型，解释所得结果.

(2) 怎样检验蛋白质含量的高低对婴儿的生长有无显著影响? 检验结果如何?

3. 在有氧锻炼中人的耗氧能力 y(单位:mL/(min·kg)) 是衡量身体状况的重要指标，它可能与以下因素有关:年龄 x_1，体重 x_2(单位:kg)，1 500 m 跑用的时间 x_3(单位:min)，静止时心率 x_4(单位:次/min)，跑步后心率 x_5(单位:次/min).对 24 名 38 至 57 岁的志愿者进行了测试，结果如下表(全部数据见数据文件 9-8).试建立耗氧能力 y 与诸因素之间的回归模型.

序号	y	x_1	x_2	x_3	x_4	x_5
1	44.6	44	89.5	6.82	62	178
2	45.3	40	75.1	6.04	62	185
⋮	⋮	⋮	⋮	⋮	⋮	⋮
24	54.7	50	70.9	5.35	48	146

数据文件 9-8
第 9 章训练题 3
耗氧能力

(1) 若 $x_1 \sim x_5$ 中只许选择 1 个变量，最好的模型是什么?

(2) 若 $x_1 \sim x_5$ 中只许选择 2 个变量，最好的模型是什么?

(3) 若不限制变量个数，最好的模型是什么? 你选择哪个作为最终模型，为什么?

(4) 对最终模型观察残差，有无异常点? 若有，剔除后如何?

4. 一个医药公司的新药研究部门为了掌握一种新止痛剂的疗效，设计了一个药物试验，给 24 名患有同种病痛的患者使用这种新止痛剂的以下 4 个剂量中的某一个:2，5，7 和10(g)，并记录每个患者病痛明显减轻的时间(单位:min).为了解新药的疗效与患者性别和血压有什么关系，试验过程中研究人员把患者按性别及血压的低、中、高三档平均分配来进行测试.通过比较每个患者血压的历史数据，从低到高分成 3 组，分别记作 0.25，0.50 和 0.75.试验结束后，公司的记录结果见下表(性别以 0 表示女，1 表示男)(全部数据见数据文件 9-9).请你为公司建立一个模型，根据病人用药的剂量、性别和血压组别，预测出服药后病痛明显减轻的时间.

数据文件 9-9
第 9 章训练题 4
止痛剂疗效

患者序号	减轻时间/min	用药剂量/g	性别	血压组别
1	35	2	0	0.25
2	43	2	0	0.50
⋮	⋮	⋮	⋮	⋮
24	5	10	1	0.75

5. 调查了 12 名 6 至 12 岁正常儿童的体重、身高和年龄,如下表.

儿童的体重、身高和年龄

序号	体重/kg	身高/m	年龄	序号	体重/kg	身高/m	年龄
1	27.1	1.34	8	7	30.9	1.39	10
2	30.2	1.49	10	8	27.8	1.21	9
3	24.0	1.14	6	9	29.4	1.26	10
4	33.4	1.57	11	10	24.8	1.06	6
5	24.9	1.19	8	11	36.5	1.64	12
6	24.3	1.17	7	12	29.1	1.44	9

(1) 建立直接用身高 x_1 和年龄 x_2 预测儿童体重 y 的回归模型.

(2) 考虑 $x_3=x_1^2$, $x_4=x_2^2$, $x_5=x_1x_2$ 等候选变量,用逐步回归建立预测儿童体重的模型.

6. 下表列出了某城市 18 位 35~44 岁经理的年平均收入 x_1 千元,风险偏好度 x_2 和人寿保险额 y 千元的数据,其中风险偏好度是根据发给每个经理的问卷调查表综合评估得到的,它的数值越大就越偏爱高风险.研究人员想研究此年龄段中的经理所投保的人寿保险额与年均收入及风险偏好度之间的关系.研究者预计,经理的年均收入和人寿保险额之间存在着二次关系,并有把握地认为风险偏好度对人寿保险额有线性效应,但对风险偏好度对人寿保险额是否有二次效应以及两个自变量是否对人寿保险额有交互效应,心中没底.

序号	y	x_1	x_2	序号	y	x_1	x_2
1	196	66.290	7	10	49	37.408	5
2	63	40.964	5	11	105	54.376	2
3	252	72.996	10	12	98	46.186	7
4	84	45.010	6	13	77	46.130	4
5	126	57.204	4	14	14	30.366	3
6	14	26.852	5	15	56	39.060	5
7	49	38.122	4	16	245	79.380	1
8	49	35.840	6	17	133	52.766	8
9	266	75.796	9	18	133	55.916	6

请你通过表中的数据来建立一个合适的回归模型，验证上面的看法，并给出进一步的分析.

7. 某地人事部门为研究中学教师的薪金与他们的资历、性别、教育程度及培训情况等因素之间的关系，要建立一个数学模型，分析人事策略的合理性，特别是考察女教师是否受到不公正的待遇，以及她们的婚姻状况是否会影响收入. 为此，从当地教师中随机选了 3 414 位进行观察，然后从中保留了 90 个观察对象，得到了下表给出的相关数据. 尽管这些数据具有一定的代表性，但是仍有统计分析的必要. 现将表中数据的符号介绍如下（全部数据见数据文件 9-10）：

Z——月薪（单位：元）；X_1——工作时间（以月计）；$X_2=1$——男性，$X_2=0$——女性；$X_3=1$——男性或单身女性，$X_3=0$——已婚女性；X_4——学历（取值 0~6，值越大表示学历越高）；$X_5=1$——受雇于重点中学，$X_5=0$——其他；$X_6=1$——受过培训的毕业生，$X_6=0$——未受过培训的毕业生或受过培训的肄业生；$X_7=1$——已两年以上未从事教学工作，$X_7=0$——其他. 注意组合 $(X_2, X_3)=(1,1),(0,1),(0,0)$ 的含义.

数据文件 9-10
第 9 章训练题 7
教师薪金

(1) 进行变量选择，建立变量 $X_1 \sim X_7$ 与 Z 的回归模型（不一定包括每个自变量），说明教师的薪金与那些变量的关系密切，是否存在性别和婚姻状况上的差异. 为了数据处理上的方便，建议对薪金取对数后作为因变量.

(2) 除了变量 X_1—X_7 本身之外，尝试将它们的平方项或交互项加入模型中，建立更好的模型.

	Z	X_1	X_2	X_3	X_4	X_5	X_6	X_7
1	998	7	0	0	0	0	0	0
2	1 015	14	1	1	0	0	0	0
⋮	⋮	⋮	⋮	⋮	⋮	⋮	⋮	⋮
90	2 000	464	1	1	2	1	1	0

8. logistic 增长曲线模型和 Gompertz 增长曲线模型是计量经济学等学科中的两个常用模型，可以用来拟合销售量的增长趋势.

记 logistic 增长曲线模型为 $y_t=\dfrac{L}{1+a\mathrm{e}^{-kt}}$，记 Gompertz 增长曲线模型为 $y_t=L\mathrm{e}^{-b\mathrm{e}^{-kt}}$，这两个模型中 L 的经济学意义都是销售量的上限. 下表中给出的是某地区高压锅的销售量（单位：万台），为给出此两模型的拟合结果，请考虑如下的问题：

(1) logistic 增长曲线模型是一个可线性化模型吗？如果给定 $L=3\ 000$，是否是一个可线性化模型，如果是，试用线性化模型给出参数 a 和 k 的估计值.

(2) 利用(1)所得到的 a 和 k 的估计值和 $L=3\ 000$ 作为 logistic 模型的拟合初值，对logistic模型做非线性回归.

(3) 取初值 $L^{(0)}=3\ 000$，$b^{(0)}=30$，$k^{(0)}=0.4$，拟合 Gompertz 模型. 并与 logistic 模型的结果进行比较.

年份	t	y	年份	t	y
1981	0	43.65	1988	7	1 238.75
1982	1	109.86	1989	8	1 560.00
1983	2	187.21	1990	9	1 824.29
1984	3	312.67	1991	10	2 199.00
1985	4	496.58	1992	11	2 438.89
1986	5	707.65	1993	12	2 737.71
1987	6	960.25			

9. 下表给出了某工厂产品的生产批量与单位成本(单位:元)的数据,从散点图可以明显地发现,生产批量在500以内时,单位成本对生产批量服从一种线性关系,生产批量超过500时服从另一种线性关系,此时单位成本明显下降.希望你构造一个合适的回归模型全面地描述生产批量与单位成本的关系.

生产批量	650	340	400	800	300	600	720	480	440	540	750
单位成本	2.48	4.45	4.52	1.38	4.65	2.96	2.18	4.04	4.20	3.10	1.50

10. 在一项调查降价折扣券对顾客的消费行为影响的研究中,商家对1 000个顾客发放了商品折扣券和宣传资料,折扣券的折扣比例分别为5%,10%,15%,20%,30%,每种比例的折扣券均发放了200人,现记录他们在一个月内使用折扣券购物的人数和比例数据如下表:

折扣比例/%	持折扣券人数	使用折扣券人数	使用折扣券人数比例
5	200	32	0.160
10	200	51	0.255
15	200	70	0.350
20	200	103	0.515
30	200	148	0.740

(1) 对使用折扣券人数比例先作 logit 变换,再对使用折扣券人数比例与折扣比例,建立普通的一元线性回归模型.

(2) 直接利用 MATLAB 统计工具箱中的 glmfit 命令,建立使用折扣券人数比例与折扣比例的 logit 模型.与(1)做比较,并估计若想要使用折扣券人数比例为25%,则折扣券的折扣比例应该为多大?

11. 人类的性别是由基因决定的,乌龟的性别主要是由什么因素决定的呢?科学研究表明,决定幼龟性别的最关键的因素是乌龟蛋孵化时的温度.为了研究温度是如何影响幼龟的雌雄比例,美国科学家对某一类乌龟的孵化过程作了试验.试验在5个不同的恒定温度下进行，每个温度下分别观察 3 批乌龟蛋的孵化过程，得到的数据如下：

温度/℃	乌龟蛋个数	雄龟个数	雌龟个数	雄龟比例
27.2	10	1	9	10%
	8	0	8	0%
	9	1	8	11.1%
27.7	10	7	3	70%
	6	4	2	66.7%
	8	6	2	75%
28.3	13	13	0	100%
	9	6	3	66.7%
	8	7	1	87.5%
28.4	10	7	3	70%
	8	5	3	62.5%
	9	7	2	77.8%
29.9	11	10	1	90.9%
	8	8	0	100%
	9	9	0	100%

建立幼龟性别比和孵化温度之间的 logit 模型，并求出在孵化温度多大时，孵化出的幼龟的性别比例恰好为 1∶1.分析温度每升高 1℃，幼龟性别的变化情况.

12. 下表列出了 2005 年 54 个国家或地区男子径赛纪录的数据（全部数据见数据文件 9-11）.

数据文件 9-11
第 9 章训练题 12
男子径赛纪录

（1）求标准化变量的前两个主成分，并给出主成分及由这两个主成分解释的（标准化）样本总方差的累积百分比，并解释这两个主成分.

（2）把这 54 个国家或地区按它们在第一主成分的得分排序，这种排序与你最初对不同国家或地区的运动水平的看法是否一致？

（3）对标准化变量作因子分析，解释公共因子的含义.

（4）根据因子得分说明，哪些国家或地区的短跑项目具有优势，哪些国家或地区的长跑项目更具有优势.

54 个国家或地区男子径赛纪录　　　　单位：s

序号	国家或地区	100 m	200 m	400 m	800 m	1500 m	5000 m	10000 m	马拉松
1	阿根廷	10.23	20.37	46.18	106.2	220.8	799.8	1659	7774.2
2	澳大利亚	9.93	20.06	44.38	104.4	211.8	775.8	1651.8	7650.6
3	奥地利	10.15	20.45	45.8	106.2	214.8	795.6	1663.2	7933.2
⋮	⋮	⋮	⋮	⋮	⋮	⋮	⋮	⋮	⋮
54	美国	9.78	19.32	43.18	102.6	207.6	778.2	1632.6	7522.8

习题参考解答

复习题

9.1 孕妇吸烟与胎儿健康

1. 见表 1.

表 1 多元线性回归的最终结果($n=1108$)

回归系数	系数估计值	系数置信区间
b_0	−79.220 3	[−101.076 5,−57.364 1]
b_1	0.431 7	[0.379 5,0.484 0]
b_2	−3.480 5	[−5.246 9,−1.714 0]
b_4	1.135 7	[0.845 1,1.426 3]
b_5	0.076 9	[0.035 1,0.118 8]
b_6	−9.242 0	[−10.839 4,−7.644 6]
$R^2=0.335\ 2$ $F=111.141\ 9$ $p<0.000\ 1$ $s^2=172.815\ 0$		

与 9.1 节表 8 比较,系数估计值变化不大,但置信区间缩短,R^2,F 明显变大,s^2 明显变小,说明剔除异常点后模型有效性和精度提高.

2. 见表 2.

表 2 逐步回归的最终结果($n=1174$)

回归系数	系数估计值	系数置信区间
b_0	−63.042 6	
b_1	0.368 1	[0.297 6,0.428 6]
b_2	−3.544 2	[−5.604 4,−1.484 0]
b_4	1.313 0	[0.854 0,1.671 9]
b_6	−68.515 4	[−101.520 5,−35.510 2]
b_7	0.215 3	[0.097 0,0.333 6]
$R^2=0.263\ 5$ $F=83.562\ 4$ $p<0.000\ 1$ $s=15.763\ 6$		

最终模型为

$$\hat{y}=-63.042\ 6+0.368\ 1x_1-3.544\ 2x_2+1.313\ 0\ x_4-68.515\ 4x_6+0.215\ 3x_1x_6$$

分别就 $x_6=0$ 和 $x_6=1$ 与 9.1 节表 8 比较.

9.2　软件开发人员的薪金

1. 增加 x_2x_3, x_2x_4, x_1^2 为候选变量，逐步回归的结果与表 5 相同.

2. (1) $y_1=90.181\ 4-27.658\ 8x_1-3.228\ 3x_2$，$y_2=24.547\ 1-4.628\ 5x_1-1.436\ 0x_2$.

(2) $x_3=0$ 为普通，$x_3=1$ 为豪华，$y=64.575\ 3-16.143\ 6x_1-2.332\ 2x_2-14.422\ 2\ x_3$.

(3) 两种类型残差散点图的趋势不同，表明 x_1、x_2 与 x_3 有交互作用.

(4) 模型为 $y=84.994\ 0-19.037\ 0x_1-6.809\ 4x_2-65.634\ 3x_3+0.270\ 6\ x_2^2+23.030\ 4\ x_1x_3+1.792\ 3\ x_2x_3$.

9.3　评分与排名的统计模型

1. 在(7)式的胜负矩阵 $\boldsymbol{X}$ 和分差向量 $\boldsymbol{y}$ 中，$\boldsymbol{X}$ 增加 2 行：(0,-1,0,0,1)，(0,1,0,0,-1)；$\boldsymbol{y}$ 相应增加 2 行：1,15，场次矩阵 $\boldsymbol{S}$ 和累积分差向量 $\boldsymbol{z}$ 分别为

$$\boldsymbol{S}=\begin{pmatrix}4 & -1 & -1 & -1 & -1\\ -1 & 6 & -1 & -1 & -3\\ -1 & -1 & 4 & -1 & -1\\ -1 & -1 & -1 & 4 & -1\\ -1 & -3 & -1 & -1 & 6\end{pmatrix},\quad \boldsymbol{z}=\begin{pmatrix}-36\\ 30\\ -9\\ -19\\ 34\end{pmatrix},$$

计算得到评分向量 $\boldsymbol{r}=(-7.200\ 0, 6.177\ 8, -1.800\ 0, -3.800\ 0, 6.622\ 2)^{\mathrm{T}}$，依评分决定的排名为 E,B,C,D,A.

2. 如果 B,C 两队尚未比赛，例 1 中得到的评分向量为 $\boldsymbol{r}=(-7.200\ 0, 8.333\ 3, -1.333\ 3, -3.800\ 0, 4.000\ 0)^{\mathrm{T}}$，累积得分向量应从各队累积得分中扣除 B,C 两队的比赛结果 92∶80，得 $\boldsymbol{u}=(285,255,237,318,331)^{\mathrm{T}}$. 将 S_1, S_2, r, u 代入方程(18)计算，得到进攻评分向量 $\boldsymbol{p}=(31.427\ 8, 44.083\ 3, 38.083\ 3, 41.294\ 4, 43.027\ 8)^{\mathrm{T}}$，防守评分向量 $\boldsymbol{q}=(-38.627\ 8, -35.750\ 0, -39.416\ 7, -45.094\ 4, -39.027\ 8)^{\mathrm{T}}$.

要根据进攻评分和防守评分对 B,C 两队比赛的比分进行预测，只需计算 $\boldsymbol{p}_2-\boldsymbol{q}_3=44.083\ 3-(-39.416\ 7)=83.500\ 0$，$\boldsymbol{p}_3-\boldsymbol{q}_2=38.083\ 3-(-35.750\ 0)=73.833\ 3$，预测 B,C 两队比赛的比分为 83∶73，与实际比分 92∶80 的区别较大，虽然两个分差(10 与 12)区别不大.

3. 略.

9.4　酶促反应

对指数增长模型 $y=\beta_1(1-\mathrm{e}^{-\beta_2 x})$，参数的估计结果为

参数	参数估计值	参数置信区间
β_1	192.096 9	[173.879 35, 210.314 5]
β_2	11.384 6	[7.756 6, 15.012 5]

其剩余标准差 $s=17.440\ 0$.

对模型 $y=\beta_1(\mathrm{e}^{-\beta_3 x}-\mathrm{e}^{-\beta_2 x})$，参数的估计结果为

参数	参数估计值	参数置信区间
β_1	155.617 3	[129.866 2,181.368 3]
β_2	17.811 1	[10.071 5,25.550 6]
β_3	−0.267 0	[−0.471 6,−0.062 3]

其剩余标准差 $s=14.214\ 0$,拟合效果比指数增长模型更好一点.

9.5　投资额与生产总值和物价指数

未经处理的原始模型为 $\hat{y}_t=-1.454\ 75+0.176\ 28x_t$;$DW=0.735<d_L=1.2$;随机误差项有正自相关性.通过作变换 $y_t^*=y_t-0.631\ 166y_{t-1}$;$x_t^*=x_t-0.631\ 166x_{t-1}$,消除了随机误差项自相关性后的回归模型为$\hat{y}_t=-0.393\ 96+0.631\ 166y_{t-1}+0.173\ 76x_t-0.109\ 67x_{t-1}$,此时所对应的$DW=1.65>d_U=1.40$,表明随机误差项已无自相关性.

9.6　冠心病与年龄

logit 模型为 $\mathrm{logit}(\hat{\pi}(x))=\ln\left(\dfrac{\hat{\pi}(x)}{1-\hat{\pi}(x)}\right)=-5.273\ 5+0.110\ 3x$,$\beta_0$,$\beta_1$估计的标准差分别为 1.123 4 和 0.023 9,拟合偏差为 1.448 3,且模型中增加 x^2项不能显著提高拟合程度.

probit 模型为 $\mathrm{probit}(\hat{\pi}(x))=\Phi^{-1}(\hat{\pi}(x))=-3.155\ 9+0.066\ 1\ x$,回归系数估计的标准差分别为 0.623 6 和 0.013 3,拟合偏差为 1.449 2.

logit 模型和 probit 模型的拟合效果非常接近.

9.7　蠓虫分类判别

1. 三个待判样品 $\boldsymbol{x}_1,\boldsymbol{x}_2,\boldsymbol{x}_3$ 到 Apf 蠓虫总体的距离分别为 $\hat{d}(\boldsymbol{x}_1,G_1)=6.706\ 3$,$\hat{d}(\boldsymbol{x}_2,G_1)=12.602\ 4$ 和 $\hat{d}(\boldsymbol{x}_3,G_1)=15.325\ 4$;$\boldsymbol{x}_1,\boldsymbol{x}_2,\boldsymbol{x}_3$ 到 Af 蠓虫总体的距离分别为 $\hat{d}(\boldsymbol{x}_1,G_2)=4.945\ 2$,$\hat{d}(\boldsymbol{x}_2,G_2)=2.679\ 4$,$\hat{d}(\boldsymbol{x}_3,G_2)=4.422\ 2$.判别函数是二次函数,三个$\boldsymbol{x}_1,\boldsymbol{x}_2,\boldsymbol{x}_3$ 到 G_2 的距离的估计值均小于到 G_1 的距离,因此,三个待判样品均判定为 Af 蠓虫.

2. 经 MATLAB 编程计算,可得线性距离判别函数为$-42.558\ 5\ x^{(1)}+22.123\ 4x^{(2)}+14.706\ 8$;且新发现的蠓虫被识别为 Af 蠓虫.

9.8　学生考试成绩综合评价

1. $\boldsymbol{S}$ 的特征根分别为 $\lambda_1=100.161\ 4$ 和 $\lambda_2=0.838\ 6$,其对应的特征向量分别为$\boldsymbol{e}_1=(0.040\ 3,0.999\ 2)^{\mathrm{T}}$ 和$\boldsymbol{e}_2=(-0.999\ 2,0.040\ 3)^{\mathrm{T}}$,由 $\boldsymbol{S}$ 得到的主成分为

$$y_1=0.040\ 3(x_1-\bar{x}_1)+0.999\ 2(x_2-\bar{x}_2)$$
$$y_2=0.999\ 2(x_1-\bar{x}_1)-0.040\ 3(x_2-\bar{x}_2)$$

$\boldsymbol{R}$ 的特征根分别为 $\tilde{\lambda}_1=1.4$ 和 $\tilde{\lambda}_2=0.6$,其对应的特征向量分别为 $\tilde{\boldsymbol{e}}_1=$

$(0.707\ 1,0.707\ 1)^{\mathrm{T}}$ 和$\tilde{\boldsymbol{e}}_2=(-0.707\ 1,0.707\ 1)^{\mathrm{T}}$，由 $\boldsymbol{R}$ 得到的主成分为

$$y_1=0.707\ 1x_1^*+0.707\ 1x_2^*=0.707\ 1(x_1-\bar{x}_1)+0.070\ 71(x_2-\bar{x}_2)$$

$$y_2=-0.707\ 1x_1^*+0.707\ 1x_2^*=-0.707\ 1(x_1-\bar{x}_1)+0.070\ 71(x_2-\bar{x}_2)$$

其中，x_i^* 为 x_i 的标准化.

可以看出，分别由 $\boldsymbol{S}$ 和 $\boldsymbol{R}$ 的构造 2 个主成分有很大差别，在由 $\boldsymbol{S}$ 出发构造主成分时，x_2 的方差远大于 x_1 的方差，绝对控制了第一主成分，在第一主成分中的载荷系数分别为 0.040 3 与 0.999 2，且第一主成分的方差贡献率为$\dfrac{\lambda_1}{\lambda_1+\lambda_2}=0.991\ 7$. 在由 $\boldsymbol{R}$ 出发构造主成分时，由于标准化后的变量 x_i^* 的方差均为 1，在第一主成分中的载荷系数相同，均为 0.707 1，而转换成原变量时，两个载荷系数分别变为 0.707 1 与 0.070 71，这种情况下的第一主成分的方差贡献率为$\dfrac{\tilde{\lambda}_1}{\tilde{\lambda}_1+\tilde{\lambda}_2}=0.7$.

2. 经 MATLAB 计算知，第一主成分的贡献率为 55.849 5%，第一、二主成分的累积贡献率为 81.116 1%，故只需取前两个主成分 y_1 和 y_2，它们的表达式为

$$y_1=0.447\ 0x_1+0.407\ 7x_2+0.405\ 4x_3+0.418\ 4x_4+0.355\ 5x_5+0.410\ 1x_6$$

$$y_2=-0.381\ 1x_1-0.405\ 2x_2+0.380\ 0x_3-0.367\ 4x_4+0.534\ 6x_5+0.354\ 0x_6$$

第一主成分 y_1 在所有的变量上有大小基本相同的正的系数，当一个成年男子的 y_1 值较大时，可以推断他身材高大魁梧，因此第一主成分 y_1 可以理解为服装的“大小成分”，第二主成分 y_2 中，身高 x_1、坐高 x_2、臂长 x_4前的系数均为负，而胸围 x_3、肋围 x_5、腰围 x_6前的系数均为正，故当一个成年男子的 y_2 值较大时，可以推断他身材比较矮胖，所以第二主成分 y_2 可以理解为服装的“肥瘦成分”.

3. 记 x_i^* 为 x_i 的标准化，由 MATLAB 计算得到的因子模型为

$$\begin{cases}x_1^*=0.933\ 8f_1+0.216\ 4f_2+\varepsilon_1^*\\x_2^*=0.816\ 9f_1+0.153\ 7f_2+\varepsilon_2^*\\x_3^*=0.232\ 2f_1+0.759\ 5f_2+\varepsilon_3^*\\x_4^*=0.792\ 2f_1+0.179\ 9f_2+\varepsilon_4^*\\x_5^*=0.057\ 2f_1+0.917\ 8f_2+\varepsilon_5^*\\x_6^*=0.251\ 7f_1+0.736\ 5f_2+\varepsilon_6^*\end{cases}$$

这里特殊方差的估计值为 $\hat{\boldsymbol{\varepsilon}}^*=(0.081\ 1,0.309\ 1,0.369\ 3,0.340\ 1,0.154\ 4,0.394\ 1)^{\mathrm{T}}$.

上式中第一个公共因子 f_1 与成年男子的身高 x_1、坐高 x_2、臂长 x_4有很强的正相关关系，说明 f_1 对身高的解释力非常强，而对其他因素就不怎么重要了；第二个公共因子 f_2 与胸围 x_3、肋围 x_5、腰围 x_6有很强的正相关关系，其解释恰好与 f_1 相反. 所以我们将 f_1 取名为成年男子的“身高因子”，f_2 取名为成年男子的“肥瘦因子”.

9.9　葡萄酒的评价

1. 将两组评酒员对 28 种白葡萄酒酒样的平均分及评分的均方差作图，可以直观发现在对 28 种白葡萄酒评分中，11，20 和 23 号酒样的评分差距较小，27，5 和 12 号酒样

的评分差距很大,计算第一、二组的 10 个评酒员对 28 种白葡萄酒评价的平均值分别为 74.0 和 76.5,这两组的总平均分之差不大,白葡萄酒第一组评酒员对 25,7 号酒样评价较一致,对 2,10 号酒样的评价分歧较大;第二组评酒员对 23,14 号酒样评价较一致,对 3,12 号酒样的评价分歧较大,第一组评酒员的均方差大于第二组评酒员的均方差. 两组评酒员的评分数据从其频率直方图或 QQ 图可以直观认为其分布均服从正态分布,其正态性检验的 p 值分别为 0.329 7 和 0.330 8,均通过正态性检验.

2. 在三因素方差分析中,由方差分析表结果知,白葡萄酒两组评价结果的 $F_\gamma=15.47$,大于临界值 6.69($\alpha=0.01$),两组评价结果都有显著差异.

3. 由双因素(评酒员、酒样)方差分析表,分别计算每组酒样与评酒员的 F 值比,白葡萄酒第一组评酒员的 F 值比为 $FF^{(1)}=0.121$,白葡萄酒第二组的 F 值比为 $FF^{(2)}=0.135$,结论是第二组评酒员对白葡萄酒样评价结果更可信.

4. 参照酿酒红葡萄的主成分聚类方法,选用 30 个一级理化指标进行研究,用 MATLAB 程序得到 10 个主成分,其累积贡献率为 84.36%,对 28 个样品的 10 个主成分标准得分进行聚类,并结合较为可信的第二组的 10 位评酒员评分的平均分,可将酿酒白葡萄分为四类,结果如下:

聚类类别	酿酒白葡萄样品编号	平均分	质量级别
1	3、5、9、20、27、28	78.45	一级
2	2、10、12、15、21、23、24、26	76.68	二级
3	17、17、19、22、25	76.58	三级
4	1、4、6、7、8、11、13、14、18	75.10	四级

训练题

1. 模型为 $y=83.211\ 6+1.298\ 5x_1+2.337\ 2x_2$($y$ 为收入,x_1为电视广告费,x_2为报纸广告费),检验通过.有一个异常点,去掉后 $y=81.488\ 1+1.287\ 7x_1+2.976\ 6x_2$,检验效果更好.

2. (1) y 为身高,x 为年龄,高蛋白食物组 $y=50.522\ 4+15.897\ 6x$,低蛋白食物组 $y=50.793\ 4+9.188\ 4x$.

(2) 根据计算结果(15.897 6 和 9.188 4)检验,有显著影响.

3. (1) $y=83.443\ 8-5.668\ 2\ x_3$.

(2) $y=90.852\ 9-0.187\ 0\ x_1-5.467\ 1x_3$.

(3) $y=118.013\ 5-0.325\ 4\ x_1-4.569\ 4\ x_3-0.156\ 1\ x_5$.

(4) 有两个异常点.

4. 记 y, x_1, x_2, x_3依次为病痛减轻时间、用药的剂量、性别和血压组别,模型为

$$y=43.374\ 2-6.983\ 4x_1+43.676\ 5\ x_3+0.511\ 1x_1^2+0.955\ 1x_1x_2-7.529\ 4\ x_1x_3.$$

5. (1) 略.

(2) $\hat{y}=25.828\ 7+5.328\ 9x_1-2.684\ 9x_2+0.238\ 0x_2^2$.

6. 最终的回归方程为 $\hat{y}=-62.348\ 9+0.839\ 6x_1+5.684\ 6x_2+0.037\ 1x_1^2$,且

$R^2=0.9996, F=11070.2944, p<0.0001$(如模型中加入 x_2^2, x_1x_2 项,其回归系数置信区间均含零点).表明只有经理们的年均收入及其二次项和风险偏好度本身对他们投保的人寿保险额有显著影响.

7.(1)用 MATLAB 的统计工具箱中的 stepwise 命令作逐步回归,为了数据处理上的方便,令 $Y=\lg Z$,得到如下回归模型:

$$\hat{Y}=3.068360+0.0007259X_1+0.0446022X_4$$

且 $R^2=0.7874, F=161.1$.教师的薪金只与工作时间和学历的关系密切,不存在性别和婚姻状况上的差异.

(2)将它们的平方项或交互项加入模型中,用逐步回归可以得到更好的回归模型如 $\hat{Y}=2.9975+0.00194X_1-0.00000289X_1^2+0.02227X_4+0.06079X_6-0.0224X_7$,且 $R^2=0.9056, F=161.2301$.尽管 X_6 和 X_7 对于模型是“统计显著”的,说明培训和从事教学工作对薪金有影响,但是该两项对于 R^2 的贡献率很低,可以将它们从模型中移出,得到下面的模型:

$$\hat{Y}=3.0016115+0.0018344X_1-0.000002641X_1^2+0.0390777X_4$$

此时的 $R^2=0.8917, F=236.0527$.虽然模型的 R^2 值比前面模型的稍小一点,但其 F 值却有很大提高,而且自变量个数减少了两个.

8.(1)logistic 模型不是可线性化模型,而给定 L 后是一个可线性化模型.若 $L=3000$,可由线性模型估计出 $\hat{a}=7.9781, \hat{k}=0.3016$.

(2)作非线性回归得 logistic 模型 $\hat{y}_t=\dfrac{3260.42}{1+30.5350e^{-0.4148t}}, R^2=0.9983$.

(3)作非线性回归得 Gompertz 模型 $\hat{y}_t=4810.0760e^{-4.5920e^{-0.1747t}}, R^2=0.9997$.

9. 生产批量与单位成本分别记作 x 和 y,为表示 x 在 500 以下和以上时,y 与 x 的不同关系,引入一个虚拟变量 D,令 $D=\begin{cases}1, & x>500,\\ 0, & x\leqslant 500,\end{cases}$ 建立线性回归模型 $y=\beta_0+\beta_1x+\beta_2(x-500)D+\varepsilon$,得到

参数	参数估计值	参数置信区间
β_0	6.162 1	[5.036 8,7.287 4]
β_1	-0.004 7	[-0.007 4,-0.002 0]
β_2	-0.003 6	[-0.007 6,0.000 3]

当生产批量小于 500 时,每增加一个单位批量,单位成本降低 0.004 7 元;当生产批量超过 500 时,每增加一个单位批量,单位成本降低 0.004 7+0.003 6=0.008 3 元.

从散点图看,似乎也可以拟合 x 的二次回归模型 $y=\beta_0+\beta_1x+\beta_2x^2+\varepsilon$,不妨一试.

10.(1)记 x 为折扣比例,$\pi(x)$ 为使用折扣券的人数比例,做 logit 变换 $\pi_i'=\ln\left(\dfrac{\pi_i}{1-\pi_i}\right)$,普通的一元线性回归模型为 $\pi_i'=\beta_0+\beta_1x_i+\varepsilon_i$,这里没有给出误差项的形

式,利用 MATLAB 统计工具箱中的命令 regress,可算出$\hat{\pi}'=-2.186\ 0+0.108\ 6x$,通过检验,高度显著.

(2) 利用 glmfit 命令可以得到 $\text{logit}(\hat{\pi}(x))=\ln\left(\dfrac{\hat{\pi}(x)}{1-\hat{\pi}(x)}\right)=-2.185\ 5+0.108\ 7x$,拟合程度也非常好.(1) 中模型表面上看起来很好,其实在作估计和检验时,需要对误差项作较强的限制,而 logit 回归克服了这一缺陷.

又由 $\ln\left(\dfrac{0.25}{1-0.25}\right)=-2.185\ 5+0.108\ 7\tilde{x}$,解得$\tilde{x}\approx10$,故想要使用折扣券人数比例为 25%,则折扣券的折扣比例应该为 10%.

11. 将每个温度 3 批乌龟蛋孵化的数据合并,见下表:

温度/℃	乌龟蛋个数	雄龟个数	雄龟比例
27.2	27	2	0.074 1
27.7	24	17	0.708 3
28.3	30	26	0.866 7
28.4	27	19	0.703 7
29.9	28	27	0.964 3

设孵化温度为 x 时,雄幼龟的比例为 $\pi(x)$,可以得到 logit 回归模型为

$$\text{logit}(\hat{\pi}(x))=\ln\left(\frac{\hat{\pi}(x)}{1-\hat{\pi}(x)}\right)=-61.318\ 3+2.211x$$

欲使 $\pi(x^*)=0.5$,可得 $x^*=27.73$,即孵化温度 27.73 ℃时,孵化出的幼龟的雌雄性别比例恰好为 1 : 1.

由 $Odds(x)=e^{\beta_0+\beta_1 x}$,当孵化温度为 27 ℃时,预测的发生比为$Odds(27)\approx0.2$,即幼龟性别是雌性的可能性为雄性的约 5 倍.当孵化温度升高为 28 ℃时,$Odds(28)=9.125\times Odds(27)=1.825$,温度升高 1 ℃,幼龟的雄雌性比提高9.125 倍.

12. 用 $x_1,x_2,x_3,x_4,x_5,x_6,x_7,x_8$ 分别表示一个国家或地区的 100 m,200 m,…,马拉松的记录成绩.记 x_i^* 为 x_i 的标准化($i=1,2,\cdots,8$).

(1) 样本相关系数矩阵 $\boldsymbol{R}$ 的 8 个特征值从大到小排列依次为 6.690 2,0.634 8,0.228 4, 0.213 2, 0.095 7,0.079 6,0.048 0 和 0.010 1,前两个主成分为

$$y_1=0.333\ 0x_1^*+0.347\ 4x_2^*+0.339\ 0x_3^*+0.353\ 1x_4^*+0.346\ 0x_5^*+0.369\ 7x_6^*+0.366\ 1x_7^*+0.354\ 3x_8^*$$

$$y_2=0.528\ 3x_1^*+0.465\ 6x_2^*+0.346\ 5x_3^*-0.090\ 5x_4^*-0.137\ 8x_5^*-0.298\ 9x_6^*-0.337\ 8x_7^*-0.391\ 7x_8^*$$

第一主成分 y_1 的方差贡献率为 83.627 4%,前两个主成分的累积方差贡献率为 91.562 4%,所以只用前两个主成分就可以了.

从 y_1 的表达式看,它在每个标准化变量上有相近的正载荷,说明每个标准化变量对 y_1 的重要性都差不多,反映了径赛项目均衡水平,故可以解释为径赛的“优异水平成分”.

从 y_2 的表达式看,它在标准化变量 x_1^*,x_2^* 和 x_3^* 上都有中等程度的正载荷,在后 5 个标准化变量上均为负载荷,恰好反映了径赛中短距离项目与长距离项目的对照,故可

以解释为竞赛的“距离成分”.

（2）从“优异水平成分”y_1 的排序，由于径赛成绩越小越优秀，由计算结果得到，“优异水平成分”排名前 5 位的国家或地区分别为美国、英国、意大利、肯尼亚和法国，最后 5 位的国家或地区分别为库克群岛、萨摩亚、新加坡、巴布亚新几内亚和缅甸，这种排序与最初对不同国家或地区的运动水平的看法基本一致.

（3）经分析及检验只需 2 个公共因子就可以了，由 MATLAB 计算结果可得因子模型如下

$$x_1^* = 0.409\ 3f_1 + 0.833\ 5f_2 + \varepsilon_1^*$$
$$x_2^* = 0.405\ 6f_1 + 0.899\ 6f_2 + \varepsilon_2^*$$
$$x_3^* = 0.517\ 1f_1 + 0.706\ 8f_2 + \varepsilon_3^*$$
$$x_4^* = 0.669\ 1f_1 + 0.581\ 8f_2 + \varepsilon_4^*$$
$$x_5^* = 0.726\ 8f_1 + 0.569\ 7f_2 + \varepsilon_5^*$$
$$x_6^* = 0.885\ 7f_1 + 0.449\ 0f_2 + \varepsilon_6^*$$
$$x_7^* = 0.899\ 9f_1 + 0.420\ 5f_2 + \varepsilon_7^*$$
$$x_8^* = 0.864\ 3f_1 + 0.407\ 4f_2 + \varepsilon_8^*$$

且特殊方差的估计值为

$$\boldsymbol{\varepsilon}^* = (0.142\ 2, 0.026\ 2, 0.233\ 1, 0.213\ 8, 0.147\ 2, 0.013\ 9, 0.009\ 5, 0.087\ 0)^{\mathrm{T}}$$

因子载荷矩阵的估计中发现，标准化变量 x_6^*（5 000 m），x_7^*（10 000 m），x_8^*（马拉松）的成绩在第一公共因子 f_1 上的载荷较大，说明它主要反映运动员的耐力，可以解释为“耐力因子”；x_1^*（100 m），x_2^*（200 m）的成绩在第二公共因子 f_2 上的载荷较大，说明它主要反映运动员的速度，可以解释为“速度因子”.

（4）“耐力因子”f_1 越小的越擅长于长跑项目，由 f_1 得分可知，在长跑项目更具有优势的国家或地区依次为：肯尼亚、西班牙、比利时、罗马尼亚和墨西哥，最不擅长于长跑项目的国家或地区依次为：萨摩亚、库克群岛、百慕大、毛里求斯和新加坡；“速度因子”f_2 越小的越擅长于短跑项目，由 f_2 得分可知，在短跑项目最具有优势的国家或地区依次为：美国、毛里求斯、巴西、意大利和希腊，最不擅长于短跑项目的国家或地区依次为：库克群岛、缅甸、菲律宾、朝鲜和土耳其.

第 10 章　博弈模型

复习题

10.1　点球大战

1. “田忌赛马”是一个家喻户晓的故事：战国时期，齐国将军田忌经常与齐王赛马，设重金赌注.孙膑发现田忌与齐王的马脚力都差不多，可分为上、中、下三等.于是孙膑对田忌说：“您只管下大赌注，我能让您取胜.”田忌相信并答应了他，与齐王用千金来赌胜.比赛即将开始，孙膑对田忌说：“现在用您的下等马对付他的上等马，拿您的上等马对付他的中等马，拿您的中等马对付他的下等马.”三场比赛完后，田忌只有一场不胜而另两场胜，最终赢得齐王的千金赌注.

(1) 分析这个故事中还隐含了哪些信息，并思考何时可以建模为一个博弈问题，何时只是一个简单的单人决策问题.

(2) 如果齐王和田忌约定比赛开始前双方同时决定马的出场顺序，并且以后不可改变，这个博弈是否存在纯战略 Nash 均衡？如果不存在，求出该博弈模型的混合战略 Nash 均衡.

2. 一场棒球比赛即将开赛，击球手已经出场，等待投球手上场.准备上场的投球手可能投出快球、弧线球、变速球、叉指快速球，而该击球手可以猜测投球手会投出哪种球而做好应对准备.过去的经验数据显示，不同投球方式和应对方式下该击球手的平均得分不同，并且得分还依赖于投球手是右手投球队员还是左手投球队员（分别参见下表）.如果你是教练员，你应该派右手投球手还是左手投球手出场？

击球手	右手/左手投球手			
	快球	弧线球	变速球	叉指快速球
快球	0.337/0.353	0.246/0.185	0.220/0.220	0.200/0.244
叉指快速球	0.283/0.143	0.571/0.333	0.339/0.333	0.303/0.253
弧线球	0.188/0.070	0.347/0.333	0.714/0.353	0.227/0.247
变速球	0.200/0.300	0.227/0.240	0.154/0.254	0.500/0.450

10.2　拥堵的早高峰

1. 在收费方案(21)中，如果选择 $a<(n/s)\beta\gamma/(\beta+\gamma)$，每个出行者的实际成本与不收费时相比还有所降低，但此时不能保证 $p(t)\geqslant 0$，即对于靠近 t_1 和 t_2 的某些 t 有 $p(t)<0$，这意味着管理部门对最早出发和最晚出发的一部分车辆应补贴 $|p(t)|$；但只要 a 不是太小，扣除补贴后，管理部门最终仍可能收取到一定的拥堵费.请你计算对于任意的 a，管理部门实际收到的总的拥堵费（扣除补贴后）为多少.为了保证管理部门“不亏本”，相应的 a 最小为多少？

2. 考虑如下 Y 字形的道路网，两个小区分别有 n_1，n_2 辆车从各自小区到目的地上班，小区 1 的车辆可以直接进入下游瓶颈，而小区 2 的车辆要先通过上游瓶颈，上下游瓶颈的通行能力分别为每单位时间 s_2，s_d. 假设所有车辆都希望不迟到（迟到成本非常高），建立相应的数学模型，求出早高峰时的均衡结果（包括每个小区的车辆出发率，每个瓶颈前的车辆到达率和每个瓶颈后的车辆通过率，每个小区每辆车的出行成本、总出行成本等）. 根据上述计算结果，说明如果只增加上游瓶颈的通行能力 s_2，什么情况下将会导致总出行成本增加而不是减少.[3]

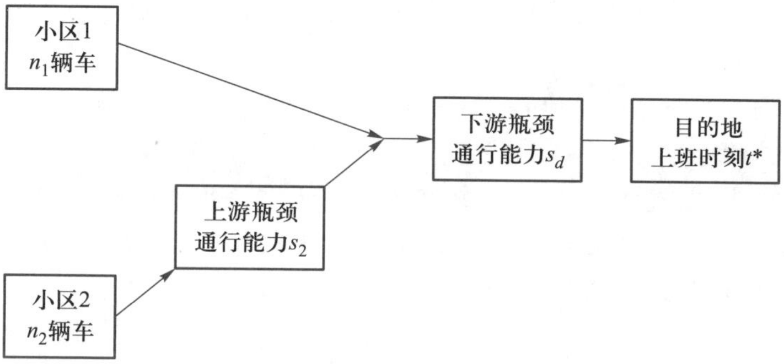

10.3　“一口价”的战略

1. 两个投标人为获得某件物品竞标，每个投标人知道自己对该物品的估值，但不知道对手的估值，只知道对手的估值服从［0,1］区间上的均匀分布. 投标采用最高价格密封拍卖，即两个投标者分别同时向物品的拥有者秘密地、一次性地给出自己的报价，然后物品的拥有者（拍卖者）从中选择报价最高者成交（如果两个投标人给出的报价相同，则等概率地随机选择一个成交），成交的竞标者向拍卖者支付的费用等于自己的报价. 试建模分析两个投标人的均衡报价策略，并将结果推广到多于两个投标人的情形.

2. 继续考虑第 1 题中的问题，但假设投标采用次高价格密封拍卖，即成交的竞标者向拍卖者支付的费用等于除自己的报价外其他人的最高报价. 试建模分析投标人的均衡报价策略，并比较两种拍卖形式下拍卖者的期望收益.

10.4　不患寡而患不均

按照本节介绍的公平性概念，建立考虑公平性的博弈模型，分析如下具有多个（至少两个）“反应者”的最后通牒博弈：首先由一个唯一指定的“提议者”提出一个分配提议——从总量为 1 的财富中分给反应者 s，剩下的 $1-s$ 留给提议者自己；其次，由 $n-1$ 个“反应者”同时决定自己是否接受这个提议，如果没有人接受，则所有参与者什么也得不到；如果至少有一个人接受，则所有接受的反应者以等概率地（如通过抓阄）得到 s，提议者得到 $1-s$. 假设(9)式定义的 $\beta_i<(n-1)/n$，给出这个博弈的均衡[18].

10.5　效益的合理分配

1. 某甲（农民）有一块土地，若从事农业生产可收入 1 万元；若将土地租给某乙（企业家）用于工业生产，可收入 2 万元；若租给某丙（旅店老板）开发旅游业，可收入 3 万元；当旅店老板请企业家参与经营时，收入达 4 万元. 为促成最高收入的实现，试用 Sha-

pley 值方法分配各人的所得.

2. 证明由(7)(8)式给出的 Shapley 值 $\boldsymbol{\Phi}(v)$ 满足 $\varphi_i(v)\geqslant v(i), i=1,2,\cdots,n$.

10.6 加权投票中权力的度量

1. 记投票人集合为{A,B,C,…},研究加权投票系统 S 与极小获胜联盟集 W_m 的关系:

(1) 设 S 为[4;2,2,1,1],[5;3,2,2,1],[3;2,1,1,1],写出相应的 W_m.

(2) 设 W_m 为([ABC],[ABD],[ACD]),([AB],[AC],[AD]),([ABC],[ABD]),写出相应的 S.

(3) 由 S 到 W_m 是存在且唯一的吗? 由 W_m 到 S 是存在且唯一的吗? 考察 W_m = ([AB],[BC],[CD]).

2. 例 5 中由民主党 M(11 席)、共和党 G(14 席)和独立人士 D(15 席)并按简单多数规则投票组成的议会中,分别就 M 和 G 结盟与不结盟各种情况计算 Banzhaf 指标,得出类似表 2 的结果.

训练题

1. 1943 年 2 月,第二次世界大战中的新几内亚战役处于关键阶段,日军决定从新不列颠附近的岛屿调派援兵.日军运输船可以沿新不列颠北侧航行,但是可能会遇上下雨,能见度也较差;或者沿岛屿的南侧航行,天气会比较好.不论哪种路线都需要三天时间.如果他们希望有个好天气,当然应该选择沿南部走的路线.但是战争期间日军指挥部希望运输船暴露在由西南太平洋盟军空军司令肯尼将军指挥的美军攻击火力下的时间尽可能少.在这样的条件下日军应该选择哪条路线?

和日军一样,此刻肯尼将军也面临着困难的选择.盟军情报部门已经侦察到日本护卫舰队在新不列颠远侧集结.肯尼将军当然希望轰炸日军船队的天数达到最大.但是美军没有足够的侦察机兼顾南北两条路线,而无法尽早侦察到日本运输船的航行路线.因此,肯尼将军只能将大量的侦察机集中在南部或者北部路线上.肯尼将军应该怎么做呢?

如果盟军将侦察机集中在南部路线上,日军也选择南部路线,则盟军可以轰炸日军三天;而若日军选择北部路线,则盟军只能轰炸日军一天.如果盟军将侦察机集中在北部路线上,则无论日军选择哪条路线,盟军可以轰炸日军两天.

(1) 建立博弈模型描述双方指挥官的决策问题.

(2) 求出该博弈模型的纯战略 Nash 均衡,并查阅当时的历史,看看双方的行动是否确实与此一致.

2. 2004 年美国总统选举即将开始前,两位候选人布什和克里都把拉票的重点转移到了竞争异常激烈的宾夕法尼亚、俄亥俄、佛罗里达三个州.民意调查显示,当时布什在这三个州赢得选举的可能性分别是 20%,60%和 80%.为了赢得整个选举,布什必须至少赢得其中两个州.假设如果两人同时到某个州拉票,则对每个州获胜的概率没有影响;如果两人到不同州拉票,则候选人在其所到访的州获胜的概率将增加 10%.由于剩余的时间只能允许每位候选人到其中一个州拉票，那么他们应该分别选择到哪个州[22]？

（1）建立博弈模型描述两位候选人的决策问题.

（2）求出博弈模型的纯战略 Nash 均衡.

3. 我们经常见到媒体报道：一些不文明现象或违法行为发生在众目睽睽之下，却无人出面阻止或干预.如果不考虑这类事件的复杂的社会、道德等因素，你能否完全从数学的角度通过建立博弈模型来定量分析一下这种"人多未必势众"的现象？具体来说，希望你的模型回答下面的问题：假设有多个人正在目睹某个不文明现象或违法行为，那么当目睹人数增加时，有人出面阻止或干预的可能性是增加了还是减少了？

4. 同类型的商家经常会出现"扎堆"现象，形成各式各样的商品城，如"书城""灯具城"等.人们有时不得不跑很远的路去这类商品城，于是会抱怨：如果他们大致均匀地分布到城市的不同地点，难道不是对商家更为有利可图，也更方便顾客？请你以下面的问题为例，做出适当的假设，进行建模分析：某海滨浴场准备设立两个售货亭，以供海滩上游泳和休闲的人购买饮用水和小食品等.那么，这两个售货亭的店主会分别将售货亭设立在哪里？

5. 分析两个完全类似的国家对某种商品的关税税率设定问题，假设每个国家对该商品的需求与价格间成线性减函数关系，两国博弈的顺序为：（1）两个国家的政府各自制定关于该商品的进口关税税率；（2）两个国家各有一家企业决定生产该商品的数量（设两家企业的单件生产成本相同，并且不考虑固定成本），其中一部分供国内消费，一部分供出口（设运输成本可忽略不计）.每家企业关注的是最大化自己的利润，而每个国家关注的是最大化本国的社会总福利，包括本国消费者享受到的消费者剩余（如果消费者用价格 p 购得一件他愿意出价 v 购买的商品，他的剩余为 $v-p$）、企业利润和关税收入[21].

（1）建模并求出这个博弈的均衡.

（2）如果两国政府联合起来决策，希望最大化两国的社会总福利之和，结果有什么不同，特别是，关税税率是会提高还是会下降？

6. 有两家企业同时向政府申请投资某个项目，对企业 $i(i=1,2)$ 这个项目申请得到批准后的价值（利润）为 v_i.假设政府的态度是：如果两家企业中没有任何一家放弃申请，则一直不批准这个项目，并且申请期间每单位时间向两家企业各收取 1 个单位的申请费，直到其中一家放弃申请后，将项目批给未放弃的企业.如果同时放弃，可以通过公平的抽签过程让两家企业中的一家得到项目，机会都是 50%.

（1）如果 $v_i(i=1,2)$ 是共同信息，问两家企业应该采用什么策略？

（2）如果 v_i 是企业 i 的私有信息，对方只知道其服从 $[0,1]$ 上的均匀分布，问两家企业应该采用什么策略？

7. 在一条东西向的笔直河流的南岸，依次分布着三个村庄 A，B，C，村庄 B 位于 A，C 之间，与 A，C 距离相等.现有两个商家，都计划选择三个村庄中的一个开一家杂货店.村庄 A，B，C 分别住着 200 人，200 人，120 人，假设所有人都只到离他最近的杂货店购物（如果他到两家杂货店的距离相等，就完全随机地选择一家）.两个商家的杂货店应分别开在哪个村庄？当村庄 B 的人数发生变化时，结果是否会发生变化？

8. 奇数个席位的理事会由三派组成,议案表决实行过半数通过方案.证明在任一派都不能操纵表决的条件下,三派占有的席位不论多少,他们在表决中的权重都是一样的.

9. 对于 n 人投票系统 $S=[q;1,1,\cdots,1]$,其中有 n 个 1,设 n 为奇数,$q=(n+1)/2$,证明当 n 很大时,每人的绝对 Banzhaf 指标 β' 与 $1/\sqrt{n}$ 成正比.(参考拓展阅读 10-1 Shapley,Banzhaf 两种权力指标的公理化和概率解释)

10. 对于加权投票系统 $S=[q;w_1,w_2,w_3]$,设 $w_1\geqslant w_2\geqslant w_3$,$q>w/2$,说明只有 5 种极小获胜联盟集,对应于 4 种不同的 Banzhaf 指标 $\boldsymbol{\beta}$.

11. 联合国安理会由 5 个常任理事国和 10 个非常任理事国组成,仅当全部常任理事国和至少 4 个非常任理事国投赞成票时决议方能通过.试将这种规则表示为一个加权投票系统,并计算、比较它的 Shapley 指标和 Banzhaf 指标.

12. (1) 设某公司一个大股东控制股份的 40%,其余 60%由 6 位小股东平分,按照控股的简单多数规则运作,计算大股东的 Shapley 指标.如果 60%由 60 位、600 位……小股东平分的话,大股东的 Shapley 指标如何变化,讨论小股东无穷多的极限情况.

(2) 若有两个主要股东分别控制股份的 3/9 和 2/9,其余 4/9 由很多小股东平分,仍按控股的简单多数规则运作,计算两个主要股东的 Shapley 指标,分析结果.

(3) 作为(2)的一般化,两个主要股东 A,B 分别控制股份的 x 和 y(都小于 1/2),其余由很多小股东平分,按控股的简单多数规则运作,用作图的方法计算 A,B 的 Shapley 指标.

习题参考解答

复习题

10.1 点球大战

1. (1) 这个故事中还隐含了以下信息:田忌的每一等级的马都不如齐王的同等级的马,但田忌的上等马胜过齐王的中等马,田忌的中等马胜过齐王的下等马.每人每一等级的马只允许出场一次(例如每人每一等级的马只有一匹,且每匹马只允许出场一次).此外,

- 如果齐王的马的出场顺序总是固定的(或者出场顺序在比赛开始前就已经决定了且不可改变),而田忌知道这一点,那么齐王的行动就已经是完全给定了,这时只有田忌需要决策,是一个简单的单决策者的决策问题,可以用一般的优化方法进行建模和求解.不妨假设齐王的马的出场顺序为(上,中,下),则田忌最优的应对行动就是(下,上,中),这与孙膑给出的战略是一致的.

- 如果齐王的马的出场顺序并不总是固定的,每场比赛时齐王首先决定自己派哪个等级的马出场,然后田忌才决定派自己的哪个等级的马与之对抗,是一个完全信息动态博弈.田忌必须相机行事,根据齐王出哪种马,决定自己出哪种马(孙膑给出的战略仍是田忌的最优战略).

- 比赛开始前双方同时决定马的出场顺序并且以后不可改变.假设齐王和田忌在决策时所拥有的信息是一样的,这时就构成一个完全信息静态博弈.

(2) 双方的行动空间为{(上,中,下),(上,下,中),(中,上,下),(中,下,上),(下,上,中),(下,中,上)}.不存在纯战略 Nash 均衡.混合战略 Nash 均衡为:双方各以 1/6 概率选择 6 个行动之一.

2. 右手投球手情形下的 Nash 均衡:击球手 27.49%的时间猜测快球,64.23%的时间猜测弧线球,从不猜测变速球,8.27%的时间猜测叉指快速球;投球手 65.93%的时间掷出快球,从不掷出弧线球,3.25%的时间掷出变速球,30.82%的时间掷出叉指快速球;击球平均分为 0.291.左手投球手情形下的 Nash 均衡:击球手从不猜测快球,24%的时间猜测弧线球,从不猜测变速球,76%的时间猜测叉指快速球;投球手 37.2%的时间掷出快球,62.8%的时间掷出弧线球,从不掷出变速球和叉指快速球;击球平均分为 0.262.应该派一名左手投球手出场.

10.2　拥堵的早高峰

1. 管理部门实际收到的拥堵费(扣除补贴后)为

$$\int_{t_1}^{t_2} p(t)\,\mathrm{d}t=\frac{n}{s}a-\left(\frac{n}{s}\right)^2\frac{\beta\gamma}{2(\beta+\gamma)}$$

使得管理部门“不亏本”的最小的 $a=\frac{n}{s}\frac{\beta\gamma}{2(\beta+\gamma)}$.

2. 需要根据不同的参数取值分三种情况(分别记为 A_1、A_2 和 B,具体条件略)进行讨论,每种情形下每个小区每辆车的出行成本 $\overline{C}_1$、$\overline{C}_2$ 和总出行成本 TC 如下(在 A_1 的全部、A_2 的部分情形会出现如果只增加上游瓶颈的通行能力 s_2,将会导致总出行成本增加而不是减少的现象):

	A_1	A_2	B
$\overline{C}_1$	$\alpha\left(\frac{n_1+n_2}{s_d}-\frac{n_2}{s_2}\right)$	$\beta\frac{\alpha n_1}{\alpha(s_d-s_2)+\beta s_2}$	$\beta\left(\frac{n_1+n_2}{s_d}\right)$
$\overline{C}_2$	$\beta\left(\frac{n_1+n_2}{s_d}\right)$	$\beta\left[\frac{n_2}{s_2}+\frac{\beta n_1}{\alpha(s_d-s_2)+\beta s_2}\right]$	$\beta\left(\frac{n_1+n_2}{s_d}\right)$
TC	$(\alpha n_1+\beta n_2)\left(\frac{n_1+n_2}{s_d}\right)-\frac{\alpha n_1 n_2}{s_2}$	$\beta\left[\frac{n_2^2}{s_2}+\frac{n_1(\alpha n_1+\beta n_2)}{\alpha(s_d-s_2)+\beta s_2}\right]$	$\beta\left[\frac{(n_1+n_2)^2}{s_d}\right]$

10.3　“一口价”的战略

1. 考虑两个投标人的情况,记投标人 i 对物品的估值为 v_i,报价策略为 $b_i=b_i(v_i)$,$i=1,2$.因为投标人是对称的,只考虑对称的报价策略,即 $b_i(v)=b(v)$,假设 $b(v)\leqslant 1$ 且 $b(v)$ 是一个严格增的可微函数.当投标人 i 的估值为 v_i,报价为 $b_i=b_i(v_i)=b(v_i)$ 时,投标人 i 的期望效用为(以下记 $j=3-i$) $u_i(b_i,v_i)=(v_i-b_i)P(b_j<b_i)$.因为 v_j 服从 $[0,1]$ 上的均匀分布,所以 $P(b_j<b_i)=P(b(v_j)<b_i)=P(v_j<b^{-1}(b_i))=b^{-1}(b_i)$,即投标人 i 的期望效用为 $u_i(b_i,v_i)=(v_i-b_i)b^{-1}(b_i)$,其一阶最优条件(令期望效用对 b_i 的导数等

于0)为 $-b^{-1}(b_i)+(v_i-b_i)(b^{-1})'(b_i)=0$,因为 $b_i=b_i(v_i)=b(v_i)$,所以 $v_i=b^{-1}(b_i)$,而根据反函数定理,$(b^{-1})'(b_i)=1/b'(v_i)$,所以上式即 $b(v_i)+v_ib'(v_i)=v_i$,左端就是 $(v_ib(v_i))'$,所以 $v_ib(v_i)=v_i^2/2+k$(k 为常数).为了确定 k,注意到均衡的报价应满足 $b(v_i)\leqslant v_i$,所以 $k=0$. 于是 $b(v_i)=v_i/2$,这就是均衡的报价策略.对于 n 个投标人的情况,可类似分析,得到的均衡策略为 $b(v_i)=nv_i/(n-1)$.

2. 均衡策略为 $b(v_i)=v_i$.两种拍卖形势下,拍卖者的期望收益相等.

10.4 不患寡而患不均

存在如下的均衡:提议者给出 $s=0$,而反应者接受任何提议.主要思路是

(1) 如果 $s\geqslant 1/2$,则反应者都会接受该提议;如果 $s<1/2$,反应者接受该提议也是一个均衡,因为在其他所有反应者均接受该提议的情形下,反应者 i 接受提议的充要条件是

$$s-\frac{1}{n-1}\alpha_i(1-s-s)-\frac{n-2}{n-1}\beta_i(s-0)\geqslant 0-\frac{1}{n-1}\alpha_i(1-s)-\frac{1}{n-1}\alpha_is$$

当 $\beta_i<(n-1)/n$ 时这总是成立的.

(2) 于是提议者只需要考虑其提议被接受且 $s\leqslant\frac{1}{2}$ 的情形,此时其效用为

$$U_1(s)=1-s-\frac{1}{n-1}\beta_1(1-s-s)-\frac{n-2}{n-1}\beta_1(1-s)$$

效用关于 s 是非增的,所以提议者选择 $s=0$.但这个博弈也存在其他的均衡,例如:提议者给出的 s 只有不小于某个阈值

$$\bar{s}=\min_{i\in\{2,\cdots,n\}}\left\{\frac{\alpha_i}{(1-\beta_i)(n-1)+2\alpha_i+\beta_i}\right\}<\frac{1}{2}$$

时才被至少一个反应者接受,否则所有反应者均拒绝.基本思路是:如果其他所有反应者均拒绝提议 s,反应者 i 也应该拒绝该提议的充要条件是

$$0\geqslant s-\frac{\alpha_i}{n-1}(1-2s)-\frac{n-2}{n-1}\beta_is$$

这将导出上述阈值.当然,提议者给出的 s 只需要等于这个阈值即可.

10.5 效益的合理分配

1. 甲、乙、丙所得应为2.5万元、0.5万元、1万元.(注意:若没有甲的土地,乙、丙将没有收入.)

2. 根据特征函数的性质(10.5节的(4)式),$v(s)-v(s\backslash i)\geqslant v(i)$.又对于(8)式,有

$$\begin{aligned}\sum_{s\in s_i}w(|s|)&=\sum_{|s|=1}^{n}w(|s|)C_{n-1}^{|s|-1}\\&=\sum_{|s|=1}^{n}\frac{(n-|s|)!\ (|s|-1)!}{n!}\ \frac{(n-1)!}{(n-|s|)!\ (|s|-1)!}=1\end{aligned}$$

则由(7)式可得 $\varphi_i(v)\geqslant v(i)$.

10.6　加权投票中权力的度量

1. (1) W_m 为([AB],[ACD],[BCD]),([AB],[AC],[BCD]),([AB],[AC],[AD],[BCD]).

(2) S 为[4:2,1,1,1],[4:3,1,1,1],[5:2,2,1,1].

(3) 由 S 到 W_m 存在且唯一,由 W_m 到 S 则不是.对 W_m=([AB],[BC],[CD]),S 不存在.

2. M 和 G 均不结盟时,结果与例 5 相同.M 结盟时用 M+k 表示 M 与 k 人(来自 G 和 D)的组合,当 k=10,11,…,20 时 M 是决定者,次数为 $C_{29}^{10}+C_{29}^{11}+\cdots+C_{29}^{20}$,而 G 和 D 成为决定者的次数是 $10C_{29}^{10}+21C_{29}^{21}$,两个次数之比为0.639∶0.361,于是 $\beta_M=0.639$,$\beta_G=0.361\times14/29=0.174$.G 结盟时类似得$\beta_G=0.918$,$\beta_M=0.035$.M 和 G 均结盟时用 M+G+$k$ 表示 M,G 与 k 人(来自 D)的组合,M 是决定者的组合为 M+10,…,M+15,M+G,M+G+1,…,M+G+6,G 是决定者的组合为 G+7,…,G+15,M+G,M+G+1,…,M+G+9,它们的次数用组合计算,而 D 成为决定者的次数是 $10C_{15}^{10}+7C_{15}^{7}$,可得 $\beta_M=0.106$,$\beta_G=0.360$.M 和 G 结盟与不结盟的 Banzhaf 指标为

	共和党 G 不结盟		共和党 G 结盟	
民主党 M 不结盟	$\beta_M=0.275$	$\beta_G=0.350$	$\beta_M=0.035$	$\beta_G=0.918$
民主党 M 结盟	$\beta_M=0.639$	$\beta_G=0.174$	$\beta_M=0.106$	$\beta_G=0.360$

与 Shapley 指标相比,一个党结盟时相差较大.

训练题

1. (1) 这是一个二人零和矩阵博弈,盟军的支付为(数字表示盟军轰炸日军的天数)

		日军 北侧航行	日军 南侧航行
盟军	侦察北面	2	2
盟军	侦察南面	1	3

(2) 均衡:(盟军侦察北面,日军北侧航行).历史上双方的行动确实与此一致.

2. (1) 这是一个二人常数和矩阵博弈(双方获胜的概率之和为 1),其中布什赢得整场选举的概率,即至少赢得其中两个州的概率(%)为

		克里选择 宾夕法尼亚州	克里选择 俄亥俄州	克里选择 佛罗里达州
布什选择	宾夕法尼亚州	57	55	56
布什选择	俄亥俄州	60	57	57
布什选择	佛罗里达州	58	55	57

例如,若双方到同一个州拉票,该概率为:0.2×0.6×0.8+(1-0.2)×0.6×0.8+0.2×(1-0.6)×0.8+0.2×0.6×(1-0.8)=56.8%≈57%.其他可类似计算.

(2) 纯战略均衡:(俄亥俄州,俄亥俄州)和(俄亥俄州,佛罗里达州).事实上,布什到俄亥俄州是其一个严格占优的行动;克里到俄亥俄州也是其一个占优的行动;因此(俄亥俄州,俄亥俄州)应该是更有可能在现实中发生的.

3. 博弈参与人集合 $N=\{1,2,\cdots,n\}$,每人的行动集合为 $A=\{0,1\}$,其中 1 为干预,0 为不干预.若有人出面干预(这是参与人都希望的),设对每个参与人的价值为 v(如由于不文明行为或违法行为得到阻止的心理安慰等);若自己出面干预(这是参与人不希望的),设对每个参与人的成本为 c(如遭到报复等).可设 $v>c>0$.假设所有参与人完全相同,每个参与人都希望最大化自己的效用$v-c$.如果没有人干预,每个人的效用均为 0.

对每个参与人来说,如果其他人不出面干预,自己应该出面干预;如果有人出面干预,自己就不用出面干预了.因此,这个博弈存在纯战略 Nash 均衡:有且只有一个参与人出面干预,其他人不出面干预,从所有参与人整体上看这也是最优的方案.

但是,如果参与人之间没有信息的交流与行动上的合作,这一均衡是很难发生的,很可能要么没有人出面干预,要么有多人出面干预,这都不是 Nash 均衡.对这个问题,在不存在合作的情况下,假设所有参与人采用相同的战略是比较合理的,这样的战略组合如果构成 Nash 均衡,则称为对称 Nash 均衡.显然,这个博弈不存在纯战略对称 Nash 均衡,所以考虑混合战略对称 Nash 均衡:每个人的战略为以概率 p 采取行动 1(以概率 $1-p$ 采取行动 0).对一个参与人来说:

如果他出面干预(采取行动 1),其效用为 $v-c$.

如果他不出面干预(采取行动 0),有两种可能:其他人也都不出面干预(可能性为 $(1-p)^{n-1}$),其效用为 0;其他人至少有一个人出面干预(可能性为$1-(1-p)^{n-1}$),其效用为 v.因此他不出面干预时的期望效用为$v(1-(1-p)^{n-1})$.

当出面干预与不出面干预的效用相等时,他就没有动机改变他的战略了.所以,Nash 均衡满足的条件可以很简单地从等式 $v-c=v(1-(1-p)^{n-1})$ 得到,即 $p=1-(c/v)^{1/(n-1)}$.

解释:从 $p=1-(c/v)^{1/(n-1)}$ 可以看出,当 n 增加时,p 减少.也就是说,目睹不文明行为或违法行为的人越多,每个人采取干预行动的可能性越小.此外当 n 增加时,没有任何一个人干预的概率$(1-p)^n=(c/v)^{n/(n-1)}$是增加的,所以不文明行为或违法行为得到阻止的可能性变小.人们常说的"一个和尚挑水吃,两个和尚抬水吃,三个和尚没水吃"的现象也与此类似.要想增大采取干预行动的可能性,应该增大出面干预的价值 v 或减小出面干预的成本 c,前者如提高社会的整体道德感、责任感、正义感以及对见义勇为行为的表彰奖励等,后者如尽量使干预更方便、保护干预人、消除报复行为等.

4. 将海滨浴场的海滩近似看成一条线段,售货亭位置的选择空间记为[0,1]区间.设两售货亭的位置分别位于 $x_1,x_2(0\leqslant x_1\leqslant x_2\leqslant 1)$,其中点为$m=(x_1+x_2)/2$.假设顾客是均匀分布的,则售货亭 1 会吸引 m 左侧的顾客,售货亭 2 会吸引 m 右侧的顾客.于是售货亭 1、2 的效用(份额)分别是

$$U_1(x_1,x_2)=(x_1+x_2)/2;U_2(x_1,x_2)=1-(x_1+x_2)/2$$

容易证明唯一的纯战略 Nash 均衡为 $x_1^*,x_2^*=1/2$,即双方"扎堆"于区间中点.

5.（1）设国家 $i(i=1,2)$ 对该商品的需求 Q_i 与价格 p_i 的关系为 $p(Q_i)=a-bQ_i$（其中 $a>0$ 为常数，以下不妨设系数 $b=1$）.国家 i 的企业（简称企业 i）为国内消费生产 h_i，出口 e_i，并假设供需平衡，则 $Q_i=h_i+e_j(i=1,2;j=3-i)$.记边际生产成本均为 $c>0$（常数），国家 $i(i=1,2)$ 的进口关税为 t_i，不考虑本国企业的纳税问题.

这是一个两阶段完全信息动态博弈问题（每一个阶段又是静态博弈）.假设国家的进口关税税率 t_1,t_2 给定，则企业 i 的决策问题是最大化自己的总利润，即

$$\max_{h_i,e_i\geqslant 0} f_i = h_i(a-h_i-e_j-c)+e_i(a-h_j-e_i-c-t_j)$$

由此可以得到该子博弈的均衡为 $h_i^*=(a-c+t_i)/3, e_i^*=(a-c-2t_j)/3(i=1,2;\ j=3-i)$.

国家制定进口关税税率的目标是最大化本国社会总福利，首先计算国家 i 的消费者剩余之和.按照定义国家 i 的消费者剩余之和应为

$$\int_0^{Q_i}(p-p_i)\mathrm{d}Q=\int_0^{Q_i}(Q_i-Q)\mathrm{d}Q=Q_i^2/2$$

即图 1 所示的左上角三角形的面积.于是国家 i 的决策问题为

$$\max_{t_i\geqslant 0} W_i = {Q_i}^2/2+f_i+e_jt_i$$

考虑到企业间子博弈的均衡，该问题的均衡为 $t_i^*=(a-c)/3$，进一步有 $h_i^*=4(a-c)/9, e_i^*=(a-c)/9(i=1,2)$.

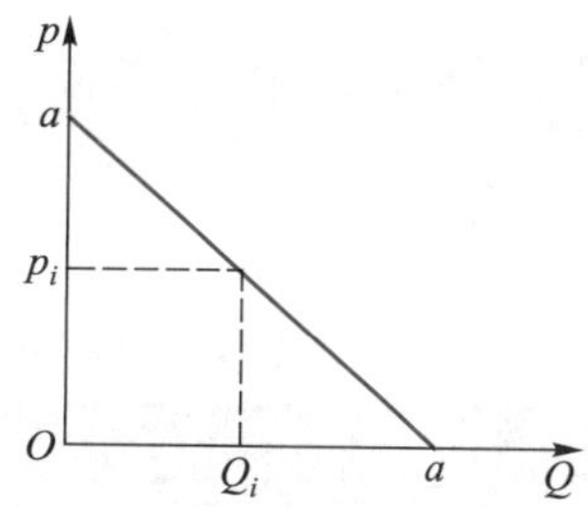

图 1　消费者剩余

（2）如果两国政府联合起来决策，希望最大化两国的社会总福利之和，则决策问题是

$$\max_{t_1,t_2\geqslant 0}\quad W_1+W_2$$

考虑到企业间子博弈的均衡，该问题的均衡为 $t_i^*=0(i=1,2)$，关税税率下降为 0（如果允许负的关税，税率应进一步下降到 ${t_i}^*=-(a-c)$）.

6.（1）这是一个完全信息静态博弈.设企业 i 放弃申请的时间点分别为 t_i，则效用函数为

$$u_i(t_1,t_2)=\begin{cases}-t_i, & t_i<t_j\\ \dfrac{1}{2}v_i-t_i, & t_i=t_j\\ v_i-t_j, & t_i>t_j\end{cases}$$

其中 $i=1,2,j=3-i$.由此可知最优反应函数为

$$B_i(t_j)=\begin{cases}\{t_i:t_i>t_j\}, & t_j<v_i\\ \{t_i:t_i=0\text{ 或 }t_i>t_j\}, & t_j=v_i\\ \{0\}, & t_j>v_i\end{cases}$$

唯一的（纯战略）Nash 均衡为 $\{t_1=0,t_2\geqslant v_1\}$（当 $v_2\geqslant v_1$），$\{t_2=0,t_1\geqslant v_2\}$（当 $v_1\geqslant v_2$）.

（2）这是一个不完全信息静态博弈.对于这个问题双方的地位是对称的，可以只讨论如下形式的对称均衡：$t_i(x)=t(x)(i=1,2)$，并合理地假设其为增函数，且 $t(0)=0$.

对给定的 v_i，企业 i 的期望效用函数为 $(j=3-i)$：

$$U_i(v_i)=-t_iP\{t_i<t_j(v_j)\}+E\{v_i-t_j(v_j)\mid t_i>t_j(v_j)\}$$

$$= -t_i(1-t_j^{-1}(t_i)) + \int_0^{t_j^{-1}(t_i)} (v_i - t_j(x))\mathrm{d}x$$

对上式求导令其为0,考虑到 $t_i(x)=t_j(x)=t(x)$,可得 $t'(x)=x/(1-x)$,即$t(x)=\ln(1/(1-x))-x$.

7. 假设所有人的购物频率相同,每家杂货店的效用函数可以用所吸引到的顾客人数刻画.支付矩阵如下,只考虑纯策略,可知其 Nash 均衡为(B,B),即两家杂货店都开在 B 村.

商家 1	商家 2		
	A	B	C
A	260,260	200,320	300,220
B	320,200	260,260	400,120
C	220,300	120,400	260,260

当村庄 B 的人数发生变化时,设村庄 B 的人数为 x,则支付矩阵如下:

商家 1	商家 2		
	A	B	C
A	$160+x/2,160+x/2$	$200,120+x$	$200+x/2,120+x/2$
B	$120+x,200$	$160+x/2,160+x/2$	$200+x,120$
C	$120+x/2,200+x/2$	$120,200+x$	$160+x/2,160+x/2$

可知当 $x>80$ 时(B,B)是 Nash 均衡;$x<80$ 时(A,A)是 Nash 均衡;$x=80$ 时(A,A)和(B,B)都是 Nash 均衡.

8. 设三派的席位分别为 n_1,n_2,n_3,记 $n_1+n_2+n_3=n$(奇数).任一派不能操纵表决,即 $n_1,n_2,n_3<\dfrac{n+1}{2}$,于是 $n_1+n_2,n_1+n_3,n_2+n_3>\dfrac{n-1}{2}$,即任两派的席位过半数.显然三派的权重都是一样的,各占 1/3.

9. 对某一投票人而言,仅当$(n-1)/2$ 人投赞成票,另$(n-1)/2$ 人投反对票时,他才是决定者.这样的联盟共 $C_{n-1}^{(n-1)/2}$ 个,于是 $\beta'=\dfrac{C_{n-1}^{(n-1)/2}}{2^{n-1}}=\dfrac{(n-1)!}{2^{n-1}\left[\left(\dfrac{n-1}{2}\right)!\right]^2}$,利用 n 很大时的 Stirling 公式 $n!\approx\sqrt{2\pi n}\,n^n\mathrm{e}^{-n}$,可得$\beta'\approx\sqrt{\dfrac{2}{\pi(n-1)}}$,$n$ 很大时,β'与 $1/\sqrt{n}$成正比.

10. 5 种极小获胜联盟集是([A]),([AB]),([AB],[AC]),([AB],[AC],[BC]),([ABC]).前 3 种分别对应的 β 为(1,0,0),(1/2,1/2,0),(3/5,1/5,1/5),后 2 种对应的 β 为(1/3,1/3,1/3).

11. 设加权投票系统为 $S=[q:a,\cdots,a,1,\cdots,1]$,其中有 5 个 a,10 个 1,且 a,q 应满足 $5a+4\geqslant q,5a+3<q,4a+10<q,\cdots$.容易看出,取 $a=7,q=39$ 即可.用 A,B 分别表示常任和非常任理事国.计算某个 B 的 Shapley 指标:将(5A3B)$\underline{\mathrm{B}}$ 的排列数 $C_9^3 8!\ 6!$ 除以 15!

得 0.001 865.于是某个 A 的 Shapley 指标为$(1-5\times0.001\ 865)/5=0.198$.对于 Banzhaf 指标,计算 A 为决定者的次数$5(C_{10}^{4}+\cdots+C_{10}^{10})=4\ 240$,B 为决定者的次数 $4C_{10}^{4}=840$,归一化得某个 A 与某个 B 的 Banzhaf 指标分别为 0.169 和 0.016 7.与 Shapley 指标相比,B 的 Banzhaf 指标提高 8 倍.

12.(1)参照 10.6 节例 5 的做法,大股东 A 相当于民主党结盟.若有 6 位小股东,当 A 在 7 个位置中的第 3 至 6 位置加入时,A 是决定者,$\varphi_A=4/7$.若有 60 位小股东,当 A 在 61 个位置中的第 12 至 51 位置加入时,A 是决定者,$\varphi_A=40/61$.有 600 位小股东,$\varphi_A=400/601$.小股东越多 φ_A 越大.极限情况 $\varphi_A=2/3$,相当于长度为 6 的线段上 A 在 1 至 5 处加入.

(2)参照 10.6 节例 5 的做法,两个主要股东 A,B 相当于民主党和共和党均结盟,如 10.6 节图 2 在平面上用 x 和 y 轴分别表示 A,B 的加入,再结合(1)中极限情况的思路,得到图 2.按照面积的比例计算出 $\varphi_A=25/64$,$\varphi_B=9/64$.与控股的份额相比,大股东 φ_A 略大于 3/9,但二股东 φ_B 却比 2/9 减少很多.这与例 5 的结果有相似之处.

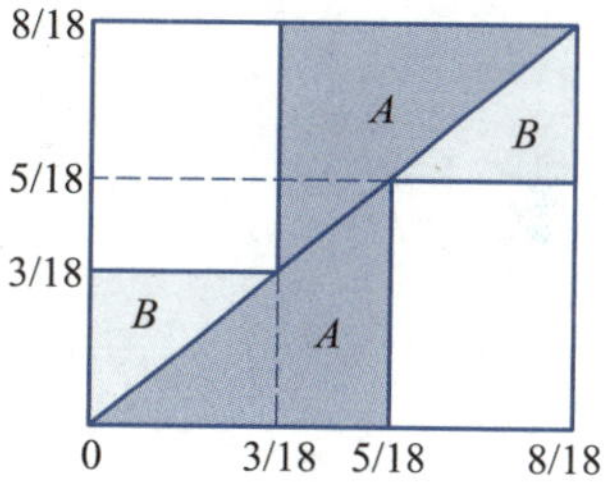

图 2

(3)需分 $x+y\geqslant 1/2$ 和 $x+y<1/2$ 两种情况,得

$$\varphi_A=\begin{cases}\dfrac{(1/2-y)^2}{(1-x-y)^2}, & x+y\geqslant 1/2\\[2mm] \dfrac{x(1-x-2y)}{(1-x-y)^2}, & x+y<1/2\end{cases}$$

将 x 和 y 对换即得 φ_B.

郑重声明

高等教育出版社依法对本书享有专有出版权。任何未经许可的复制、销售行为均违反《中华人民共和国著作权法》，其行为人将承担相应的民事责任和行政责任；构成犯罪的，将被依法追究刑事责任。为了维护市场秩序，保护读者的合法权益，避免读者误用盗版书造成不良后果，我社将配合行政执法部门和司法机关对违法犯罪的单位和个人进行严厉打击。社会各界人士如发现上述侵权行为，希望及时举报，我社将奖励举报有功人员。

反盗版举报电话　(010)58581999　58582371
反盗版举报邮箱　dd@hep.com.cn
通信地址　北京市西城区德外大街4号
　　　　　高等教育出版社知识产权与法律事务部
邮政编码　100120

读者意见反馈

为收集对教材的意见建议，进一步完善教材编写并做好服务工作，读者可将对本教材的意见建议通过如下渠道反馈至我社。

咨询电话　400-810-0598
反馈邮箱　hepsci@pub.hep.cn
通信地址　北京市朝阳区惠新东街4号富盛大厦1座
　　　　　高等教育出版社理科事业部
邮政编码　100029

防伪查询说明

用户购书后刮开封底防伪涂层，使用手机微信等软件扫描二维码，会跳转至防伪查询网页，获得所购图书详细信息。

防伪客服电话　(010)58582300